轻断食

让女人

老得慢、身材好

薛丽君　主编

江西科学技术出版社
·南昌·

图书在版编目（CIP）数据

　　轻断食：让女人老得慢、身材好 / 薛丽君主编. --
南昌：江西科学技术出版社，2019.1
　　ISBN 978-7-5390-6252-5

　　Ⅰ. ①轻… Ⅱ. ①薛… Ⅲ. ①女性－保健－食谱
Ⅳ. ①TS972.164

　　中国版本图书馆CIP数据核字（2018）第168764号

选题序号：ZK2018200
图书代码：B18112-101
责任编辑：张旭　周楚倩

轻断食：让女人老得慢、身材好
QINGDUANSHI：RANG NÜREN LAODEMAN、SHENCAIHAO　　　　　薛丽君　主编

摄影摄像	深圳市金版文化发展股份有限公司
选题策划	深圳市金版文化发展股份有限公司
封面设计	深圳市金版文化发展股份有限公司
出　　版	江西科学技术出版社
社　　址	南昌市蓼洲街2号附1号
	邮编：330009　电话：（0791）86623491　86639342（传真）
发　　行	全国新华书店
印　　刷	深圳市雅佳图印刷有限公司
开　　本	720mm×1020mm　1/16
字　　数	150 千字
印　　张	10
版　　次	2019年1月第1版　2019年1月第1次印刷
书　　号	IISBN 978-7-5390-6252-5
定　　价	39.80元

赣版权登字：-03-2018-257

PREFACE 序 言

轻断食，

排 毒 瘦 身 一 身 轻

　　轻断食开始走进人们的视野是从两三年前，当时英国 BBC 纪录片还推出了一期节目，主要是说想长寿就要少吃，但每天少吃并且按食物金字塔吃很难坚持，最新研究发现了能坚持少吃的新方法——隔日断食法和 5:2 断食法。隔日断食法是指一天吃一天不吃，吃什么和吃多少不限制，这样两天进食的总热量还是比正常两天少；5:2 断食法是指一星期五天正常吃，另外两天女性每天只吃 500 千卡食物。

　　随着轻断食的不断推广完事，现今最受主流认可，流传度最广的是 5:2 断食法。适度的轻断食，给女性朋友带来的益处远远超出你的想象，首先，它可以让身体不用辛苦地一直消化食物，肝脏也有时间可以修复受损细胞，进行排毒。而且在断食期间，你并不是完全不吃任何东西，而是将分量降到平日的 1/4，实施起来非常简单，更有利于长

期执行。

　　轻断食可以让你断绝对食物过多的贪欲，更好地把控自己。轻断食不仅可以改变你的饮食习惯，帮助你瘦身，也能改造你的心智，养成更健康的生活方式。更重要的是，它可以提升你的精神境界，让你更加自信、年轻。

　　本书首章介绍了轻断食的基本概念，告诉大家轻断食的意义和乐趣；第二章则从开始轻断食前的准备工作出发，介绍与轻断食计划实施相关的知识；第三章重点介绍了轻断食者的饮食食谱和方案，包括了 34 套断食日食谱和 7 套非断食日食谱，每个食谱都配有精准的热量数值，帮助大家控制热量的摄入；最后第四章，我们对女性轻断食者常见的问题进行了专业解答，帮助轻她们消除疑虑，做个明明白白的轻断食人。

　　各位女性朋友们，你还在犹豫什么呢？赶快加入轻断食大军吧！从此让饮食更加健康，身材更加苗条，生活更加美满！

CONTENTS 目 录

PART 1

轻断食让你享"瘦"一辈子

PART 2

开始轻断食前，先做这些功课！

PART 3

自己做轻断食餐，见证神奇瘦身成效

非轻断食日的三餐推荐 112

PART 4
女性轻断食常见问题解答

附录：常见食材热量表

Part 1

轻断食
让你享 "瘦" 一辈子

Light Fasting Can
Help You Lose Weight

如今，轻断食正在风靡全球，

越来越多的名人、学者都已参与进来。

如果想要瘦下来，请您轻断食；

如果想要健康体魄，请您轻断食；

如果想要年轻美丽，请您轻断食。

没错，轻断食是一种健康的生活方式！

那您对它了解多少呢？

风靡全球的
轻断食
革命，
让身体回到20岁

断食并不是什么新鲜事，几千年来，佛教僧侣、瑜伽行者都深谙断食的力量，他们身材精瘦、精神力超然，也很长寿。

　　苦恼于减肥的现代人也常常采用"断食"的方法来企图饿瘦自己，其结果多不尽如人意。国外学者将数千年的断食经验与当代科学相结合，发明了针对现代人的健康生活方式——轻断食。它不仅能帮助减肥，还有更多的健康意义。

　　断食是一种间歇式断食，每周5天正常饮食，只需2天稍加控制，就能坐享健康体质。具体来说，你在一星期中选固定2天摄取500千卡热量（约为平日正常饮食的1/4），其他5天的饮食不要严重过量，便能减轻体重，拥有健康身体。

　　那么，在饮食受限制的2天究竟应该怎么吃？最能长期执行的做法是每星期挑出不连续的2天断食，将规定热量的食物分为两份：一份适量的早餐，跳过午餐，一份清爽的晚餐。这种方式极容易办到。一

定要注意的是，在断食日里摄取可以满足你的食物，但千万不要超过500千卡的热量。

　　适度的轻断食，给身体带来的益处远远超出你的想象。首先，它可以让肠胃不用辛苦一直消化食物，肝脏也有时间修复受损细胞，进行

排毒。其次，由于一周只有2天执行轻断食，不影响我们的生活质量，还是可以跟朋友聚会，也不需要看着别人吃美食，而自己只能很可怜地吃蔬果。你完全可以自由选择适合轻断食的日子，努力执行一天后，明天又可以吃想吃的食物，身体也在这天得到适当的休息与修复。而在断食期间，你并不是完全不吃任何东西，而是将分量降到平日的1/4，实施起来非常简单，更有利于长期执行。

轻断食可以让你断绝对食物过多的贪欲，更好地把控自己。轻断食不仅可以改变你的饮食习惯，帮助你瘦身，也能改造你的心智，养成更健康的生活方式。更重要的是，它可以提升你的精神境界，让你更加自信、年轻。

轻断食 so easy！
每星期安排2天，
每天摄入500千卡；
其他5天的饮食稍加控制，
便能轻松减轻体重。

轻断食能给你的
身 体
带 来 哪 些 改 变

轻断食倡导低热量、低盐、低油、清淡、营养全面的饮食方式，不仅能帮助你减轻体重，还能带来诸多健康效应。

1.缓解抑郁，天天拥有好心情

通常，心情不好的诱导因素有睡眠不充分和体内秽物太多影响了气血运行。断食期间虽然会有间歇性的情绪波动，但一段时间后身体会产生镇静作用，令心情更平和，于是睡意增浓，整个人将得到充分的休息，从而让人心情舒畅。

同时，断食期间随着体内废物的冲刷脱落，清洁排出，大家心中长期储存的种种沉积压抑，历来不肯面对而无法删除的意念、讯息、记忆，例如恐怖经历、仇怨、内疚、愤怒等都一一释放。

国外研究发现，52 例患有慢性疼痛的患者，在经历为期两周的轻断食疗法后，超过 80% 的人抑郁、焦虑程度得到缓解。

2.保护大脑，衰老越来越慢

日本九州大学的大村裕教授，从事老年医学研究多年。他的报告指出，在一顿饱餐之后，大脑中一种叫做"纤维芽细胞生长因子"的物质比进食前增加数万倍。这种物质能使毛细血管内皮细胞的脂肪细胞增生，促使动脉粥样硬化的发生，造成大脑早衰，记忆力下降，思维迟钝（严重者可发生中风），甚至与老年性痴呆的发病也有一定关系。

对于"纤维芽细胞生长因子"的增加，目前还没有特效药物来控制。但通过限制饮食量，减少"纤维芽细胞生长因子"在大脑中的分泌，推迟脑动脉硬化和大脑衰老，则是完全可能的。

3.活化大脑功能，让你工作更轻松

长期轻断食能净化身体，使心境平静，从而开发大脑潜能。轻断食是帮助身心得以升华、启智开慧的捷径。具体表现为肢体灵活、双目有神、头脑清晰、思维敏捷、记忆力增强、理解力增强、意志力和忍耐力也大大加强，这种状态之下极易启发和诱发人体的各种潜能。当大脑功能活化后，也会产生对宇宙真谛的思索和理解，甚至产生各种特异思维，解决许多常态下无法解决的问题和困惑，让日常的生活、工作更为轻松。

4.持续减重，绝对不反弹

轻断食奉行的是 5：2 原则（5 天正常饮食，2 天严格限制热量）。这种方法一方面能杜绝暴饮暴食，另一方面能让减重者长期坚持。正是因为轻断食没有要求大家完全禁食的做法，使得断食者能在享受美食的同时将健康减重计划进行到底。

最终，减肥者的体重能在热量被长期限制下得以逐步减轻。此外，一旦这种健康生活方式成为习惯，那么，绝对不会出现节食减肥成功后又出现的反弹情况。

5.帮你远离癌细胞

我们身体内的细胞不停地复制，取代死亡、老旧、坏损的组织。只要细胞的成长速度不失控，那就没问题，但有时候细胞会变异，失控地成长，变成癌症。像类胰岛素一号生长因子这种会刺激细胞成长的激素在血液中浓度若是很高，便可能提高患癌的风险。

科学表明，即使我们禁食的时间很短，身体也会放慢追求生长的步调，启动修复、求生模式，等待食物再度丰足的日子来临。但癌细胞还是不受控制，不管环境怎样恶劣，它们照样生根发芽。这种"自私"的特质是我们的机会。如果你在化疗之前断食，便让你的正常细胞进入蛰伏状态，癌细胞则四处流窜，因此比较容易挨打。

此外，断食的时间不论长短，都能降低类胰岛素一号生长因子的浓度，进而降低多种癌症的风险。一份最近的研究证实，断食能明显减少妇女患乳腺癌的风险。

6.改善肤质，让皮肤弹性更好

一旦养成了轻断食的饮食习惯，每到断食日肠胃将能得以全面休息，这时身体进入全面的自我疗愈状态，各器官自动修复，身体自动恢复各种平衡。人体肠胃道此时还能进行大清洗，将体内储存的秽物和有害物全部排出体外，从而净化身心，改善肤质，让皮肤弹性更好。

实践证明，很多轻断食者在一定时间的轻断食后，皮肤看起来更干净、红润、有弹性，各种瘀斑、粉刺、暗疮也逐步消除。

7.降低血糖，预防糖尿病

轻断食的基本原则是减少热量摄入，饮食以提高蛋白质食物的比例，降低碳水化合物食物的比例。这与糖尿病患者的饮食要求有相似之处。所以，长期坚持这种健康的饮食习惯，对预防糖尿病非常有益。

刊登在《世界糖尿病杂志》上的研究指出，轻断食是一种安全的饮食干预，有利于改善空腹血糖和餐后血糖水平。澳大利亚南澳大学研究发现，轻断食可在减少降糖药用量的同时，有效降低2型糖尿病患者的血糖水平。此外，国内也有学者认为，轻断食在短期内虽不能有效降低血糖，但可提升胰岛素敏感性，有利于防治糖尿病。

你适合
轻断食么？
来 测 一 测 吧

随着轻断食风靡全球，追随者也越来越多，但切记不可盲目跟随。大家在尝试轻断食之前，必须对自身进行一个小测试，看是否适合轻断食，这是首要步骤。

编号	问题内容	是（1分）	否（0分）
1	吃饭经常赶时间，狼吞虎咽，没有充分咀嚼食物		
2	现在的体重超出标准体重的10%以上		
3	经常吃减肥药，但越减越肥		
4	因太忙而有一餐没一餐的，经常中餐没吃就直接吃晚餐，或根本不吃早餐		
5	长期一味地节食，体重却依然上升		
6	偏爱油炸、高脂肪、高热量的食物		
7	吃肉时喜欢连皮一起吃		
8	一天中有两餐是在外面解决的		
9	工作时长期坐着不动		
10	习惯一下班回家就坐下来吃饭或看电视，然后一直"坐"到睡觉时间		
11	每周运动少于2次，或每周运动时间不足2小时		
12	经常以吃大餐作为庆祝特别节日及成就的唯一方案		
13	因生活及身材压力而变得害怕吃东西，甚至对于吃任何东西都有严重的罪恶感		
14	虽进行运动减肥，却依然吃很多		
15	深受肥胖所带来的疾病困扰，如三高症等		
	得分：		

得分说明

0~6分

说明你的饮食比较规律、正常，每餐基本上都会按时吃，饮食偏向清淡、少油；没有节食、吃减肥药的不良习惯；平时会经常进行锻炼。因此，你的体重很标准，身材苗条，身体比较健康，没有肥胖的烦恼，也不会受到高血压、高血脂、高血糖等生活习惯病的困扰。通过综合考虑，你不需要进行轻断食。

7~10分

说明你可能因为工作太忙，没时间或忘记吃早餐或午餐，你平常可能喜欢吃烤串、油饼等高热量的食物，你很少进行身体锻炼，每天在办公室可能要坐七八个小时；最近可能发觉裤子变得越来越紧了，原来能穿的衣服也穿不下了。如果你出现以上情况，说明你很可能面临体重超标的危机，你的腹部、大腿可能出现了讨厌的赘肉，建议你通过轻断食来适当减轻体重。

>10分

说明你最近做事情感觉比较吃力，容易出汗，走路、爬楼梯会比较费劲、气喘吁吁的；也许你的同事、朋友都开玩笑地叫你"小胖纸"；每次逛街你都只能买最大号的衣服；公司体检，医生会告诉你这样的体重可能会对健康造成不良影响，罹患高血压、高血糖、高血脂等疾病的风险较大。所以，赶快行动起来，通过轻断食来摆脱肥胖的烦恼吧。

对比你用过的节食法，
轻断食
可谓 "零 压 力"

相信很多肥胖者在接触轻断食之前，都有尝试过多种节食方法：有急功近利，用连续长时间断食来快速消脂减肥者；有稳重求胜，但断食时间太过频繁的隔日断食法。

虽然用连续长时间断食法一定能让身体瘦下来，但也会造成身体内营养物质的缺乏，影响基础代谢，当身体慢慢习惯这种减慢的基础代谢后，即使不吃东西，体重也无法下降。而一旦恢复正常饮食，往往会快速复胖，甚至比原来的体重还要重，造成所谓的"溜溜球效应"。研究发现，连续长时间断食对身体健康的伤害超乎想象，不少人因断食造成缺水、休克，导致急性肾衰竭，严重者还会导致猝死。因此，最好不要轻易尝试。

隔日断食虽然不会造成人体营养物质太过缺乏，但其隔一天就得断食一次的做法，往往给断食者造成很多困扰。因为每星期的断食日不固定，亲友跟其他人很难摸得清楚哪一天是你的断食日，哪一天是进食日。所以，这可能会造成社交上的困扰，甚至伤害感情。

相比较以上两种节食法，轻断食可谓是"零压力"，它主张的每周只需用2天来完成大部分的轻断食任务，在这2天摄取比平常低75%的热量，而不是每天都减少热量摄入，这可谓是一大解脱，让人不用投入日日少吃的苦差事。因为很多人很难做到天天节食。同时，2天的断食时间也已经够长了，足以降低每周摄取的总热量并重塑饮食习惯。还有，最重要的是，这套方法更容易实践。

在准备进行轻断食前，要弄清楚如何调整断食日的饮食结构。首先，断食日一天建议男性摄取热量不超过 600 千卡，女性不超过 500 千卡，分配至早餐和晚餐中去，例如：

早餐

1.半碗低热量的主食类（糙米、燕麦、意大利面等，约140千卡）
2.豆鱼肉蛋类1份（鸡蛋1个、无糖豆浆1杯450毫升、火腿1片，约70千卡）
3.蔬菜多吃（不用食用油烹调）

晚餐

1.豆鱼肉蛋类2~3份（手掌大小的鱼片或肉片，女性手掌大小约140千卡，男性手掌大小约210千卡）
2.低生糖指数水果1份（苹果1个、番石榴去籽切片1小碗、香蕉半根，约60千卡）
3.坚果1小把（腰果、杏仁、桃仁、榛果，约90千卡）
4.蔬菜多吃（不用食用油烹调）

改造饮食结构，
新 创 意
给 你 更 多 乐 趣

其次，摄取足够的高蛋白食物。许多研究显示，摄取高蛋白质饮食，可以拉长感觉饱足的时间。可供选择的食物有：

水产类 如金枪鱼、鲑鱼、白水鱼、武昌鱼、鲫鱼、带鱼、黄鱼、青鱼、虾等。

禽蛋类 鸡肉（去皮）、鸭肉（去皮）、鸽肉，鸡蛋、鸭蛋等。

豆腐及豆制品 豆腐、豆干、豆浆、豆腐皮、腐竹、素火腿等。

低脂乳制品 低脂牛奶、酸奶等。

这里需要特别推荐的食物是蛋类，蛋的饱和脂肪低，营养丰富，不会让胆固醇恶化，而且一个鸡蛋只有 90 千卡，因此在断食日的早餐以鸡蛋为主。最近研究发现，早餐摄取蛋类蛋白质的人，比早餐只吃小麦蛋白质的人更不容易饿。选择水波蛋或水煮蛋的烹饪方式，可以避免无谓的热量。

此外，断食日必须禁食令血糖飙升的食物，其原因一方面是血糖升高会导致胰岛素浓度变高，胰岛素会让身体储存脂肪，增加癌症风险。另一方面是血糖在飙升之后必然会暴跌，此时将会感觉非常饥饿。

除此之外，随着轻断食期间饮食结构的变化，这会促使大家在家自我进行饮食搭配，这就规避了大家外出就餐的可能性，也让自身能全身性投入到美食研究中去，最后在潜移默化中给大家增添了饮食的乐趣。

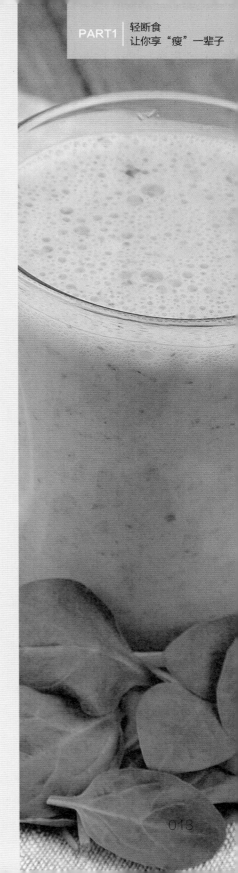

　　如果你没有生病，如果你不是不适合断食的人群（如孕妇、儿童，以及某些病患），从现在开始你就可以开始轻断食了。请你大方地告诉亲朋好友你开始轻断食了，一旦昭告天下，你便能比较容易贯彻到底，让它成为你日常生活的一部分。

　　不用担心断食期间偶尔出现的短暂饥饿感，那基本是无害的。除非你长年累月的吃吃喝喝而丧失了挨饿的技能，否则你的健康身体天生是可以应付一段时间的少量进食的。现代研究发现，人们往往还会将许多种的情绪误认为饥饿：无聊时吃、口渴时吃，看到食物诱惑时吃，有伴儿的时候吃……

　　如果你是因这些外界刺激而想进食，就要适当控制了。不论是什么样的断食方法，最难的都是开始的一段时间，因为身体和心灵都要适应新的习惯、新的饮食方式。一旦大家渡过这个坎，将其形成一种习惯，长期坚持下来，不仅收获的是健康的生活方式，还是净化心灵、改善体质的重要利器。

让轻断食成为你
生 活
的 一 部 分

Part 2

开始轻断食前，
先做这些功课！

Light Fasting Before,
First Do The Homework

此时，

或许你已经对轻断食有了初步认识，

对它逐渐有了好感。

那你是否有马上行动的冲动了？

先不要着急，

这些功课你还需要完成。

下面请跟着我们一起更深入地探索轻断食的方方面面吧！

开始
轻断食，
你要准备好

通过前面的测试，确定自己能够轻断食，就要开始为轻断食做准备了。

1.了解自己的健康水平

年龄：如果你还未满 18 周岁，最好不要轻断食，你的身体还处于发育阶段，对各种营养物质的需求较大。如果你的年龄在 18~60 岁之间，可考虑进行轻断食。如果超过60 岁，请不要轻断食。

测量身高、体重，确定是否属于标准体重：站上身高体重测量仪，可以轻松测出自己的身高和体重。由这两个数值，通过计算公式：体重（千克）/ 身高（米）的平方，可以得出你的身体质量指数（BMI），这个数值能判断你是否超重。一般健康人的 BMI 数值是 18.5~23.9，如果超过这个数值，就可以计划瘦身啦。此外，体脂和腰围也是衡量你是否需要减肥的重要因素，有的人可能体重达标，但体脂率过高，或者腰围很粗，这类人也应进行轻断食减肥。

是否患有贫血、心脏病、低血压等疾病：对于身体患有某些疾病的人，如贫血、低血压、心脏病患者，建议不要轻易轻断食。经常贫血者如果进行轻断食，能量供给不充足，容易加重贫血的程度；低血压患者在轻断食那 2 天可能会头昏眼花，甚至晕厥；轻断食虽然可以在一定程度上降低心脏病的风险，但心脏病患者最好不要尝试轻断食，以免造成严重的后果。

是否为特殊人群：孕妇、哺乳期女性不适合轻断食的饮食方式，相反这类人群应保证充分的营养供给。如果你在病后恢复期，也不宜进行轻断食，最好等身体复原后，再根据实际情况考虑是否进行轻断食。重体力劳动者，如搬运工、农民等，如果实行轻断食，那么意味着每顿要少吃很多，这样体力肯定跟不上高强度的活动，容易造成晕眩。

2.调整自己的生活习惯

开始轻断食前，尽量不要吃油炸、烧烤类食物，让自己逐渐过渡到清淡、低糖、低热量的饮食，提前适应轻断食的状态。如果你很少运动，请从现在开始，每天进行适量的身体锻炼，让身体提前进入运动的状态。

3.制订短期和长远目标

短期的目标可以是最初 3 个月减掉体重的 5%~10%，比如原来体重为 60 千克，你就减掉了 3~6 千克。目标也可以实际点，如将牛仔裤尺码降到多少号，或者希望自己穿泳衣显得更漂亮等，这样往往容易激励自己坚持下来。

长远目标因人而异，有的人可能希望自己能恢复过去的身材，有的人可能希望能减重 10 千克甚至 20 千克，达到完美的体重。只要目标切合实际，且自己能坚持下来，就不用害怕目标无法实现。

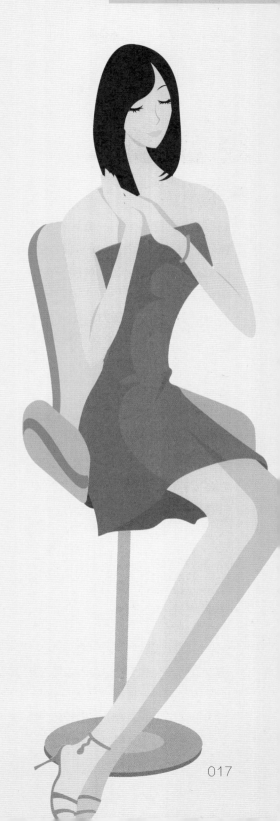

4.心理准备

为自己加油打气：马上就要开始进行轻断食了，你可能会担心自己无法坚持到最后，你可能会害怕无法让自己瘦下来……请从现在开始，每天给自己积极的暗示和鼓励，造就强大的心理，以应对接下来的各种挑战和诱惑。

积极应对各种压力：在进行轻断食过程中，如果遇到压力和困难，可列出一份压力清单，分析原因和自己的表现，尽快找到应对的办法。可去公园散散步、爬爬山，看自己喜欢的影视剧或图书等，让自己放松一下。

拒绝他人的食物诱惑：轻断食时，家人或同事可能会搅乱你的饮食计划，劝你多吃点。因此，在轻断食之前，一定解释清楚你轻断食的原因，让他们无条件地配合和支持你的轻断食计划，杜绝一切食物诱惑。

在开始轻断食之前，我们要自测一些数据，以随时关注轻断食的效果。测量时间最好选择在每天的同一个时间。

1.除了热量，你还要关注升糖指数（GI值）

轻断食期间，大家除了要密切关注食物热量，限制热量摄入外，还要关注食物的升糖指数（GI值）。生糖指数反映的是食物与葡萄糖相比升高血糖的速度和能力。

在断食日必须禁食令血糖飙升的食物，原因有二：一是血糖的升高会导致胰岛素浓度变高，胰岛素会让身体储存脂肪，以致增加罹患三高病的风险；二是血糖在飙升之后必然会暴跌，一旦暴跌了便会觉得非常饥饿。

碳水化合物对血糖的影响最大，但不是所有的碳水化合物都这样。有节食习惯的人都清楚，想知道哪一种碳水化合物会导致血糖飙升，哪一种不会，有一个办法是去查食物的升糖指数（GI）。以100为最高值，每种食物都有一个指数，数值低的通常不会导致血糖激增，所以，我们要挑选升糖指数低的食物。

与健康相关的
四 个
指 数

2.如何计算BMI值?

BMI（身体质量指数）能判断你是否超重，现在很多网站都可以替你计算 BMI 值，它不但替你计算，也告诉你数字的意义。BMI 的一个争议点在于肌肉发达的人 BMI 值也会很高。可惜，BMI 值高的人绝大部分不是因为肌肉多。

BMI计算公式

BMI=体重（kg）/身高（m）的平方

一般来说，成人的 BMI 数值低于 21 以下，说明体重过轻，可以通过健身进行增肌，并适当增肥。21~23.9 之间为健康体重，继续保持现在的状态。24 ~26.9 之间为偏胖，超过 28 则为肥胖，应该开始轻断食，适当减脂，改变现有的身体状态。

3.称体重时，你称出"体脂"了吗?

想要判断一个人真正的肥胖程度，除了用 BMI 做参考指标外，还必须要检测体脂率，了解自己体内到底有多少脂肪。

在大部分医院里，都配置了人体脂肪检查仪，不但能测出体脂率，还能测出内脏脂肪值和全身脂肪的分布状况，是很有用的仪器。只是一般的情况下，医院都不会帮你测。理由很简单，因为这台仪器是用来治病的，除非你得了内分泌等方面的疾病，需要做检查，才会帮你测量体脂。一般人想要测量体脂，也可以通过以下计算公式，来计算出自己的体脂率是多少。

体脂率

体脂率=[1.2×BMI+0.23×年龄−5.4−10.8×性别系数（男性=1，女性=0）]×100%

一般来说，体脂率男生超过 25%，女生超过 33% 就是"肥胖"。对于经常运动的人，男生最好不要超过 18%，女生不要超过 25%。而没有运动习惯的人，男生最好不要超过 20%，女生不要超过 28%。

如果体脂率过高，这意味着身体中里里外外，包括外观的"肥肉"、血液和体内器官的油脂过多，这不只是身体外观上的问题，更可能对我们的健康造成不可想象的损害。

4.常测腰围，检验轻断食效果

BMI 很好用，但不是预测未来健康的最佳参考。在一项追踪 45000 名妇女长达 16 年的研究中，腰围与身高的比例是预测心脏病风险的绝佳参考。腰围之所以举足轻重，是因为最糟糕的脂肪是堆积在腹部的内脏脂肪。腹部是最不妙的囤脂部位，会导致发炎，罹患糖尿病的风险也会高很多。

腰围的测量方法：将带尺经过肚脐上 0.5 ~ 1 厘米处水平绕一周，肥胖者选择腰部最粗处水平绕一周测腰围。

一般来说，男性的腰围要低于 90 厘米，女生要低于 80 厘米，这样的数值才健康。如果超过了这个数值，大家一定要引起重视。

轻断食
常见
五 大 误 区

在轻断食的过程中，很多人容易被误区影响，导致过程痛苦或效果不明显；还有一部分人从一开始就怀疑轻断食的功效，对其不屑一顾。那么，人们对轻断食最常见的误区有哪些呢？

误区一：轻断食的过程让人很痛苦

轻断食不同于绝食，它只要求在一个星期内挑 2 天时间，每天摄取 500~600 千卡热量的食物，其他时间则可以正常适量进食，很多美味的食物你依然可以吃到。这也正是很多人愿意接受轻断食，且容易将其长期坚持下来的原因。

误区二：轻断食可以天天进行，人人都可以尝试

轻轻断食并不是每天都进行，而是每周 5 天正常饮食，另外固定 2 天进行轻断食。轻断食适合体重超重或肥胖、高血压、高血脂、高血糖的人群，但营养不良、低血压、低血糖的人群及儿童、老年人、孕妇和哺乳期妇女不适宜进行轻断食。

误区三：轻断食的2天 "管住嘴"，其余5天胡 吃海喝

不少人认为，只要轻断食的 2 天管住嘴，其余 5 天想怎么吃就怎么吃都没关系。其实这种想法是严重错误的。如果只是轻断食的 2 天吃低能量的蔬果，其他几天又大吃大喝的话，这样的轻断食效果非常微弱，还有可能让你的肠胃因饮食严重不规律而出现在断食日不适应的情况。

误区四：轻断食的瘦身效果明显，可以连续一个星期以上进行轻断食

不少人当发现轻断食的瘦身效果非常明显后，为了能快速达到自己的理想身材而选择连续一个星期或更长的时间进行轻断食。这种做法是不可取的，由于轻断食期间的饮食结构变化较大，短期内轻断食危险性不大，但长期可能造成营养不良，不宜长期实施。

误区五：轻断食期间不能进行任何运动

轻断食日要避免剧烈运动，因为轻断食当天摄入的热量较低，勉强进行中高强度的锻炼，容易出现运动伤害，并唤醒身体的防御机制，开始大量囤积脂肪。一些轻度运动，如散步、慢走等，可在轻断食日进行。

轻断食，
成功秘诀
是 专 注 小 口 品 尝

　　吃饭时不出声，喝汤时用汤匙一小口一小口地喝，吃饭时细嚼慢咽……这些都是我国饭桌上的礼仪。这些古老的饭桌礼仪能够沿袭至今，除了因社交文化所需，其实它还对我们的健康大有益处。

　　多数家庭的女性朋友从小到大被教育要做一个知书达理的人，吃饭时千万不要狼吞虎咽，要不然会被外人说没家教。现代研究发现，狼吞虎咽的进食方法对健康也是不利的。从神经医学来讲，大脑摄食中枢感知饱的信息是需要时间的。口腔和胃里消化出来的少量小分子，对于食欲的控制至关重要。因此，过快进餐的进食量是不由大脑控制的，只能由胃的机械感受器来感知。然而，对于这种精白细软食物来说，到了胃里面觉得饱胀的时候，饮食已经明显超过身体需求了。

　　因此，对于需要控制热量，增强饱腹感的轻断食，采取小口进食、慢慢品尝的进食方式是有助于让断食者更快地获得饱腹感，进而降低食物总摄入量。长此以往，有助于肥胖者减轻体重。

外出就餐的
轻断食
方法

通常外出就餐是每个人不可避免的活动，如果断食者外出就餐的时间正好碰上了断食日，应该如何进行饮食控制呢？

1.不喝热量过高的饮料

当你外出就餐时，不喝碳酸饮料、甜茶和酒精饮品是减少整体热量摄入最简单的方法。尽量选择无热量的饮品，例如水或者节食饮料。在主菜上消耗热量，而不是把限定的热量浪费在饮料上。

2.拒绝免费的餐前赠品

通常餐馆赠送的餐前赠品有花生米、凉拌海带丝等，大家在等待主食上桌之前，很容易在不知不觉中将这些赠品吃完，以至于很快就摄入了你并不想要的热量。所以，外出就餐时你可以提前告诉服务员不需要免费的赠品。

3.有顺序地摄取蛋白质、蔬果和碳水化合物

在摄取碳水化合物之前，你首先要集中摄取蛋白质和蔬果，这样你将无法再吃任何奶油蛋糕以及糖类和甜点。

4.时刻要有控制饮食量的观念

断食者外出就餐切忌不能像其他人一样急切地想要清空盘子里的食物，如果你毫无限制地将食物全吃完，也许你把未来2天的摄入量都在这一顿饭中全部摄取了。断食者可以要求一个外卖盒带走你的食物。这样，当你准备享用你的食物时，可以将下一次的那部分分离开来，享用现有的部分。

擦亮眼睛，
学会挑选
超市食品

闲暇时光，女士们都爱逛逛超市，看看最近有没有什么新品出售，顺便买点回家尝尝。对于断食者，这时候就要注意了，千万不要迷失在琳琅满目的食品中，稍有不慎，食用热量过高的食物就不利于自己的断食计划了。所以，请擦亮眼睛，挑对食品。

超市食品一般分两种，第一种是纯天然、未经过加工的食品，例如坚果、水果、蔬菜类等；第二种是经过加工的，有强制保质期的包装食品，如水果干、饼干、薯片、小蛋糕等食品。

大家都知道第一种食品是天然、健康，对身体极好。但是，女性朋友们平日里还是对第二种食品情有独钟。包装食品大都属于高热量食品，正在轻断食的女性朋友可不能随便乱吃，这怎么办呢，难道就没有两全其美的办法了吗？

其实，只要大家在挑选食品时，认真查看它们的"营养成分表"，选择低热量的食品，然后再控制一下食用量，是不用担心包装食品的不利影响的。每个包装食品的背面或者侧面都会有标注能量含量的信息，也许以前大家都没注意过，从现在开始，大家可就要多看哦！下面给大家一个选择超市食品的口诀，请牢记，照着做！

买包装食品先查热量，
热量太高请放弃；
买回家后控制量，
一次不要吃太多；
每天控制总热量，
按照计划永健康。

日常生活中，我们经常被各种谣言蛊惑着做一些有损健康的事情，"经期节食减肥"就是其中之一，并且受很多女性的追捧。但事实上，这种做法是非常不健康的。同样，各位女性朋友在准备进行轻断食之前，也要算好自己的生理期，有选择性地将断食日避开生理期的前3天。

很多女性想在经期节食而达到减肥"事半功倍"的效果的做法是非常不可取的。中医认为，人的血主要储备在肝脾。而每位女性每月的经量大约是30～80毫升，肝脾中的血液是足够供应的，即使经量稍微大一些，其储存量还是完全能够供给到循环。所以觉得经期"支出大，消耗多"的想法是不正确的。此外，如果在经期进行节食还有可能导致营养不均衡，降低人体抵抗力，造成闭经、卵巢早衰等极端例子出现。

需要注意的是，经期应少吃生冷的食物，不少女性有这样的体会：经期不小心淋雨、感冒了，月经就会来得很不顺畅，甚至伴有痛经的问题。因此不论是否轻断食，经期都要正常饮食，且避免吃生冷的食物。

算好生理期，
合理设置
断食日

断食日
计 划
怎 么 做

准备轻断食之前，一定要做好断食日的计划安排，以防断食日不知所措，导致热量超标的现象出现。

1.早餐+晚餐+零食+饮品

初次断食，千万不要紧张，深吸一口气，将心情放轻松，就像平时一样的工作、学习、生活。在断食日里，你唯一需要做出的改变只有餐单。

2 天的断食日里，每天摄入的热量必须控制在 500 千卡以内，但要维持一整天的活动，这项计划实施的关键在于如何选择食物，如何分配热量摄入的时间点。显然，低热量而不失营养的食物必然成为这 2 天里的首选，这类食物能减少你的饥饿感。

通常，在断食日里摄入热量的时间主要安排在早餐和晚餐两个时间点。其他时间如果你感到肚子饿时，可以先喝一杯温开水，你会发现饥饿感消失了。如果饥饿感持续，可以去听听音乐，通过分散注

意力的方法让自己忘记饥饿。如果这些方法试过后还是无法缓解饥饿，并且饥饿难耐，大家可以适量吃一点点零食，以防太过痛苦影响工作、生活。

当然，这些不适症状可能就在你最初断食的一段时间里出现，随着你慢慢适应了这种轻断食的节奏后，这种饥饿难耐的情况将不再出现，这时就要严格控制饮食。除了早餐、晚餐按量摄入食物外，其他时间不宜再进食零食或高热量饮品。

2.早餐、晚餐热量如何分配？

女性断食日总热量摄入不宜超过 500 大卡，一日只进食早、晚两餐，两餐之间时间间隔 11~12 小时。至于两餐如何分配热量，可根据白天的活动量而定：

如果白天需要从事强度较高的体力劳动，如销售员、培训师、教师等，则在早餐时摄入热量宜多余晚餐，可选择早餐摄入 300~350 千卡，晚餐摄入 150~200 千卡。如果白天从事的工作强度较小，如白领、设计师、程序员、图书管理员等，则早餐和晚餐的热量摄入可平均分配，如选择早餐摄入约 250 千卡，晚餐摄入约 250 千卡。

断食日里，早餐和晚餐的热量摄入虽然被严格限制，但大家一定要食用各种不同的食物，以保证营养均衡。

3.女士一日轻断食范例

早餐『190千卡』	燕麦粥：水煮的燕麦碎粒40克（160千卡） 新鲜草莓：约半杯（30千卡）
晚餐『306千卡』	炒鸡柳（281千卡）： 1.将140克鸡胸肉切成鸡柳（148千卡） 2.锅中注入1小匙橄榄油（27千卡），加入1小匙姜末（2千卡）、1大匙香菜末（3千卡）、1瓣压碎蒜头（3千卡）、2小匙酱油（3千卡）、半只柠檬的汁（1千卡），将鸡柳炒至略微酥黄 3.再加入半杯去丝的荷兰豆（12千卡）、一杯半的卷心菜丝（26千卡）、2根去皮切成细条的胡萝卜（36千卡），再炒5~10分钟，直到鸡柳全熟 4.1个蜜桔（25千卡） <div align="right">一日合计：496千卡</div>

Part 3

自己做轻断食餐，
见证神奇瘦身成效

Do Light Fasting Recipes,
Let Yourself Lose Weight

到这里，

相信大家已经对轻断食有了一个宏观的认识。

那大家可以准备开始轻断食了。

不过在开始之前，

还有一个非常重要的知识需要补充，

那就是轻断食期间，

我们该如何吃。

本章将为大家带来轻断食的各式菜肴，供大家参考。

轻断食期间
不 能 忽 视
营 养 均 衡

轻断食要求进行一段时间的限制性饮食，但并不意味着什么都不能吃，人体所必需的营养素，如蛋白质、维生素、矿物质等必须适量摄取，这样才能保持营养均衡。

1.控制碳水化合物，但保证蛋白质的摄入量

碳水化合物对血糖的影响最大，血糖升高会导致胰岛素浓度变高，胰岛素会让身体储存脂肪，以致增加罹患癌症的风险。此外，血糖在飙升之后必然会出现暴跌，一旦暴跌便会让人感觉非常饥饿。所以轻断食者必须控制碳水化合物的摄入。

蛋白质是细胞和组织的重要组成成分，约占人体质量的17.5%，与生命息息相关。人体的新陈代谢、生长发育都离不开蛋白质。且蛋白质在体内的代谢时间较长，可长时间保持饱腹感，有利于控制饮食量。同时，蛋白质可抑制促进脂肪形成的激素分泌，减少赘肉的产生。蛋白质的最佳食物来源有肉类和鱼类。另外，奶、蛋、干豆类也有丰富的蛋白质含量。

2.高纤维食品是优质选择

高纤维食品是指富含膳食纤维的食物，经常食用对人体健康有益。常见的高纤维食品有绿豆、燕麦、高粱、荞麦……随着生活水平的提高，这些高纤维食品及其加工制品越来越受到人们的青睐。现代医学和营养学研究确认了食物纤维可与传统的六大营养素并称为"第七营养素"。

高纤维食品是轻断食者的优质选择。研究发现，膳食纤维会影响脂肪的吸收，减少热量囤积。同时，每日进食富含膳食纤维的全谷物早餐者的心血管疾病死亡风险降低20%。富含膳食纤维的食物多为体积大且能量密度低，摄入后可增加饱腹感，而且低GI食物比高GI食物更能提供饱腹感，在能量平衡和体重控制上有较好的作用，非常适合作为断食者的日常饮食。

3.保证维生素和矿物质的补充量

维生素又称维他命，是维持人体生命活动必需的一类有机物质，也是保持人体健康的重要活性物质。虽然人体对维生素的需要量很小，日需求量常以毫克或微克计算，但一旦缺乏就会引发相应的维生素缺乏症，对人体健康造成损害。

矿物质和维生素一样，是人体必需的元素。虽然矿物质在人体内的总量不及体重的5%，也不能提供能量，可是它们在体内不能自行合成，必须由外界环境供给，并且在人体组织的生理作用中发挥重要的功能，如钙、磷、镁是构成骨骼、牙齿的主要成分。

轻断食期间随着热量的严格控制，极容易导致维生素和矿物质摄入不足。缺乏维生素会让我们的机体代谢失去平衡，免疫力下降，各种细菌、病毒就会乘虚而入。矿物质缺乏同样会导致人体代谢出现障碍，影响组织的正常生长、代谢等。如，人体缺铁会表现为皮肤苍白、疲劳无力、食欲不振、生长发育迟缓等。轻断食期间，大家一定要科学调配饮食，保证营养均衡。

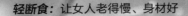
确定分量和
估计热量

　　在进行轻断食期间，经常要透过食物来确定其分量，估计其热量。如果是经常接触食材的家庭主妇，可能有通过食材大小对其重量大概估算的经验。如果在这方面缺乏依据或经验者，也可通过参照物来确定食材分量。可利用你的手、圆柱形杯子、直口碗、汤匙、乒乓球、网球等。如和乒乓球大小差不多的鸡蛋其重量约为50克。当然了，确定重量最精确的方法是采用电子秤进行测量，只是工作比较繁琐乏味而已。

　　经验估算：此法方便实用，误差亦不大。具体操作是：如称量100克同品种类型的大米或面粉，做成一定硬度的米饭或面条装在专用餐具内，看看是多少；看看50克或100克净瘦肉可切成几小块或厚度相等的几片；10毫升食用油放在锅内所占容积约是多少等等。经过反复多次称量后，就有了较为准确的数量概念，以后就可以照此估算了。

　　数量——重量估算：此法适于以食物品种为单位的食物。如1个中等大小的鸡蛋约为55克，1个苹果约为250克，1个面包约为70克，10粒花生仁约6.5克等。在估计重量时要除去食物的不能吃的部分。

　　容积估算：适用于液体食物的估量。如1杯牛奶约150毫升，1小碗豆浆约200毫升，1汤匙油约10毫升，1杯啤酒约200毫升。在国外，标有容积刻度的餐具随处可见，因此对液体食物的定量较为准确。

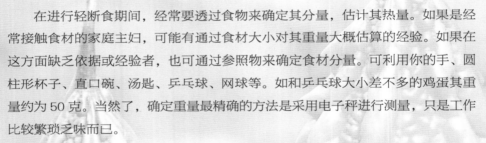

　　确定了食材分量后，下面就要计算其热量了。如果对食材热量不了解，可
去相关网站或者 APP 查询食物热量。本书亦附有常见食物热量表，可供查阅，
请参见附录。

| 1盒 低脂牛奶 | 250毫升； 107千卡 |

| 1块 白方包 | 36克； 84千卡 |

| 1碗 白米饭 | 100克； 143千卡 |

| 1个 白水蛋 | 50克； 70千卡 |

| 1个 煎鸡蛋 | 50克； 100千卡 |

| 1杯 鲜橙汁 | 250毫升； 112千卡 |

| 1个 苹果 | 250克； 130千卡 |

| 1碗 肉汤 | 250毫升； 75千卡 |

| 1碗 菜汤 | 250毫升； 32千卡 |

| 1块 白煮鸡胸肉 | 100克； 133千卡 |

| 1个 土豆 | 120克； 93千卡 |

| 6根 菜心 | 100克； 25千卡 |

适合女性的 **轻断食** 食材 TOP 10

女性在安排轻断食日的食谱时，可以优先选择低热量、低脂肪的食物，比如肉类中以瘦牛肉、鱼肉最为合适，下面为大家挑选出非常适合轻断食者食用的十大食材。

1 瘦牛肉

瘦牛肉蛋白质含量高，脂肪含量低，所以味道鲜美，受人喜爱，享有"肉中骄子"的美称。

对轻断食者的好处：瘦牛肉是蛋白质最多、脂肪最少、血红素铁最丰富的肉类之一，其热量在肉类中属于低的，每百克瘦牛肉含 106 千卡热量，减肥期间可适量食用。

♥ **贴士：**牛肉的纤维组织较粗，结缔组织又较多，烹调时应横切，将长纤维切断，不能顺着纤维组织切，否则无法入味，还嚼不烂。

2 鳕鱼

鳕鱼又叫大头青，含丰富的蛋白质、维生素 A、维生素 D、钙、镁、硒，营养丰富、肉味甘美。

对轻断食者的好处：鳕鱼是一种含有高蛋白，但几乎不含脂肪的鱼类，每百克鳕鱼只含有 88 千卡热量，减肥时可适量食用。

♥ **贴士：**鳕鱼可被制成鱼肉罐头、鳕鱼干，鳕鱼子及其舌头和肝脏也可食用。

3 黄瓜

黄瓜的含水量为 96%~98%，它脆嫩清香，味道鲜美，营养丰富。

对轻断食者的好处：黄瓜是热量超低的减肥食品，每百克黄瓜仅含有 15 千卡热量；而它所含的大量维生素和纤维素还能帮助消除便秘和加快脂肪燃烧。

💜 **贴士**：黄瓜与辣椒、芹菜搭配，维生素 C 易被破坏。

4 丝瓜

丝瓜又叫水瓜，其药用价值较高，全身都可入药，所含各类营养在瓜类食物中较高。

对轻断食者的好处：丝瓜中水分的含量很高，热量较低，每百克丝瓜含 20 千卡热量，适合在减肥期间食用。

💜 **贴士**：丝瓜汁水丰富，宜现切现做，以免营养成分随汁水流走。烹制丝瓜时应注意尽量保持清淡，油要少用，可勾稀芡。

5 西红柿

西红柿含有丰富的胡萝卜素、维生素 C 和 B 族维生素，具有减肥瘦身、消除疲劳、增进食欲等功效。

对轻断食者的好处：西红柿是既美味又瘦身的减肥食品，每百克西红柿仅含有 19 千卡热量，是一种能直接生吃的减肥零食。

💜 **贴士**：西红柿中含有胶质和可溶性收敛剂，空腹食用易阻塞肠胃引起腹痛。

6 空心菜

空心菜为夏秋季节主要绿叶菜之一，其维生素含量高于大白菜，有助于增强体质，防病抗病。

对轻断食者的好处：每百克空心菜只含有 20 千卡热量，空心菜中的大量纤维素，可增进肠道蠕动，加速排便，对于防治便秘及减少肠道癌变有积极的作用。

♥ **贴士**：空心菜遇热容易变黄，烹调时要充分热锅，大火快炒，在叶片变软前即可熄火盛出。

7 苹果

苹果含丰富的营养，易被人体吸收，味甜，口感爽脆，是世界四大水果之冠。

对轻断食者的好处：苹果中糖类、水分、纤维、钾含量都较高，可缓解便秘、消除水肿，而且每百克苹果仅含 52 千卡热量，适宜减肥时食用。

♥ **贴士**：苹果要洗净吃，尽量不削皮吃。肾炎和糖尿病患者少吃。

8 木瓜

木瓜的果皮光滑美观、果肉厚实细致、香气浓郁、汁水较多、甜美可口、营养丰富，有"百益之果""水果之皇"之雅称。

对轻断食者的好处：木瓜热量较低，每百克木瓜含 27 千卡热量，它还含有一种木瓜酵素，有分解脂肪的效果，可以去除赘肉。

♥ **贴士**：木瓜不适宜孕妇、过敏体质人士食用。

9 鸡蛋

鸡蛋蛋白质的氨基酸比例很适合人体生理需要，易为机体吸收，利用率极高，是人类常食用的食物之一。

对轻断食者的好处： 每百克鸡蛋含有 138 千卡热量，鸡蛋是优质蛋白质的来源，它能提供一定的饱腹感，健康成年人减肥时每天吃 1 个鸡蛋是很好的选择。

💜 **贴士：** 水煮鸡蛋，煮的时间不要太长。鸡蛋煮久了，很容易破坏其中的营养成分。

10 豆腐

豆腐是最常见的豆制品，一般用黑豆、黄豆和花生豆等来制作。豆腐有增加营养、帮助消化、增进食欲的功能。

对轻断食者的好处： 豆腐热量较低，每百克豆腐只含 81 千卡热量，豆腐的蛋白质含量较高，可加快食物消化，推荐在减肥期间作为蛋白质的来源食用。

💜 **贴士：** 豆腐与蜂蜜一同食用，容易引起腹泻。

非轻断食日
保证
"一日五蔬果"

俗话说得好"一日五蔬果，健康一定有"。这是美国很久之前推行的健康饮食观念，主张一天至少要吃3份蔬菜和2份水果，这里1份的意思是相当于自己一个拳头大小的量。

蔬果五彩缤纷的颜色，富含不同的营养物质，其中以维生素、矿物质以及膳食纤维的含量最为丰富。维生素和矿物质是维持身体健康所必需的营养素，膳食纤维则与增加饱足感，促进肠胃蠕动、减少便秘发生，降低血胆固醇等健康益处有关。因此，世界卫生组织和许多发达国家的健康饮食指导，都鼓励民众多吃新鲜蔬果，从而发挥蔬果的健康价值，达到远离各种慢性疾病，预防癌症的目的。

蔬菜1份约为生重100克，每天3份蔬菜就大约要吃到300克各种蔬菜，建议可食用的蔬菜如冬瓜、丝瓜、黄瓜、萝卜、芹菜、茄子、青椒、洋葱、小白菜、韭菜、四季豆、菠菜、空心菜、大白菜、马铃薯、花椰菜等。

由于各种水果的营养成分不同，种类特性不同，各种水果1份的量也不尽相同，下面我们以表格的形式对水果1份的量进行直观展示：

种类	水果名称及1份量
大型	菠萝：1/10个；西瓜1片
中型	番石榴1/3个；木瓜1/2个；杨桃1/2个；芒果1/4个；哈密瓜1/4个；柚子3瓣；葡萄柚1/2个
小型	苹果1个；香蕉1根；荔枝6枚；桃子1个；葡萄13粒；龙眼12粒；橘子1个；猕猴桃1个；草莓6个

除了蔬果份数达到建议量外，在选择蔬果时建议尽量多样化，因为不同的蔬果营养价值不尽相同，颜色不同其功效也有差异。建议大家用彩虹摄食原则来检视一下自己今天吃了几种颜色的蔬果。彩虹摄食原则是将不同的蔬果按颜色分成5个种类，绿色、橘黄色、白色、红色和蓝紫色，而每一种颜色代表不同植物营养素。彩虹摄食原则所倡导的就是在保证足量蔬果的同时，还需要尽量搭配5种颜色，确保一日当中每一种颜色都能食用到。

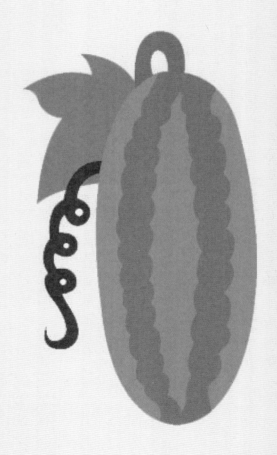

轻断食者在非断食日里要确保"一日五蔬果"，以全面补充各种营养素，塑造良好的健康体质。相信大家在一段时间的轻断食后一定能重塑身体，拥有健康人生。

轻断食的 烹饪技巧

如果你的烹调方式以重油、偏咸为主，开始轻断食后请改变原来这种不健康的烹调方式，尽量多用蒸、煮、炖的方法，尽量低油、低盐、清淡、低热量，真正做到轻断食的要求。

1.食材去皮、切好后再计算热量

食材在处理后，其重量会变轻，因此需在处理完之后再计算，这样才能准确计算出食材的热量。食材中该去皮的先去皮，该去籽的去籽，最好切成适量大小后，再称重并计算热量。

2.轻断食最好食用植物油

轻断食期间，大家也不用拒绝所有油脂。油脂是烹饪的关键，也是身体营养的关键。烹饪的时候喷上薄薄的一层植物油，才是正确的做法。植物油是从植物的果实、种子、胚芽中得到的油脂，常见的有花生油、菜籽油、芝麻油、橄榄油等，它们的胆固醇含量较低，是购买食用油的首选。

3.适量添加醋、辣椒等调味料

调味料，如辣椒、醋、香草，这些带有刺激性的调料几乎没什么热量，能为轻断食的食物增添更多风味、美味，也是坚持减肥的一大动力。但是，不能放太多盐和酱油，菜肴太咸会增加高血压、心脏病、脑卒中风的风险。

4.炒菜时油不可多放

如果为了防止食物粘锅，油放得过多，会导致摄入的脂肪量增多。正确的用油量是在倒入炒锅内后，能起到润滑和防粘的作用即可。如果你掌握不了用量，就用喷雾瓶装油，喷洒在锅底即可。

5.避免煎、炸、烤、熏等烹饪方式

不同的烹饪方式会给减肥带来不同的影响，食材烹调时尽量蒸、煮、炖，杜绝煎、炸、烤、熏，否则会用到很多油和调料，产生很多热量，还会产生对人体有害的物质。

6.建议用不粘锅烹调食物

不粘锅的好处是用很少的油就能做菜，如果菜肴粘锅底就加入清水，不要再多放油。

7.注意蔬果有不同的吃法

胡萝卜、菠菜、菌菇、芦笋、包菜、青椒等蔬菜含有需要烹饪后才能被吸收的维生素。因此，这类蔬菜最好煮熟后再吃。而生菜这类纤维素含量丰富的蔬菜，洗干净生吃就很不错。

手把手教你做轻断食瘦身排毒餐

套餐一

餐　　单	肉末鸡蛋羹	三丝银耳	黑米绿豆粥
热　　量	100千卡/100克	26千卡/100克	44千卡/100毫升
建议食用量	100克	200克	200毫升

肉末鸡蛋羹

本品可以补充人体所需的蛋白质，增强免疫力。

材料

肉末50克，胡萝卜末10克，鸡蛋2个，姜末、葱花、盐各少许。

做法

1.肉末中放入一点姜末、葱花、盐调味。

2.将鸡蛋打碎搅匀，倒入适量水至鸡蛋不黏稠。

3.将肉末倒入搅拌好的鸡蛋中，撒上胡萝卜末，上蒸锅蒸15分钟左右即可。

100千卡/100克

三丝银耳

银耳富含胶原蛋白，可以美容养颜。

26千卡/
100克

材料

绿豆芽150克，银耳25克，青椒50克，熟
火腿15克，盐少许。

做法

1.将绿豆芽洗净；青椒洗净，切丝；熟火
腿切丝。

2.沸水锅中放入绿豆芽和青椒丝烫熟，捞
出放凉；再将银耳放入沸水锅内烫熟，捞
出，用凉水过凉，沥干水分。

3.将银耳、绿豆芽、青椒丝放盘内，放入
盐拌匀装盘，再撒上火腿丝即成。

黑米绿豆粥

黑米具有清除自由基、改善免疫功能的
功效。

44千卡/
100毫升

材料

薏米80克，水发大米150克，糯米、黑米
各50克，绿豆70克。

做法

1.砂锅中注入适量清水烧热，倒入薏米、
绿豆、大米、黑米、糯米，拌匀。

2.加盖，大火煮开转小火煮30分钟至食材
熟软。

3.揭盖，稍微搅拌片刻使其入味，关火，
将煮好的粥盛出，装入碗中即可。

套餐二

餐　　单	肉末炒青菜	粉丝拌菠菜	绿豆浆
热　　量	111千卡/100克	66千卡/100克	39千卡/100毫升
建议食用量	100克	100克	200毫升

肉末炒青菜

111千卡/100克

本品富含纤维，可适当改善便秘。

 材料

上海青100克，肉末80克，红椒丝、盐、食用油各适量。

做法

1.将洗净的上海青切成细条，再切成碎末，备用。

2.炒锅中倒入适量食用油烧热，放入肉末，炒散。

3.倒入切好的上海青，翻炒均匀；加入盐，炒匀调味。

4.关火后盛出炒好的菜肴，点缀上红椒丝即可。

粉丝拌菠菜

本品爽口宜人，营养丰富，通肠导便，
补血抗衰老，促进新陈代谢，减少皱纹
及色素斑。

66千卡/
100克

材料

菠菜130克，粉丝20克，胡萝卜丝5克，
芝麻、生抽、盐、醋、麻油各适量。

做法

1.菠菜择洗干净，焯水后取出过凉水；粉
丝煮熟，过凉水。

2.将菠菜、粉丝和胡萝卜丝混合后，加入
少许芝麻、1大勺生抽、少许盐、半大勺
醋、1大勺麻油，混合拌匀即可。

绿豆浆

本品为皮肤供给充足水分，有效强化皮
肤的水分保湿能力。

39千卡/
100毫升

材料

水发绿豆100克。

做法

1.将已浸泡3小时的绿豆倒入大碗中，加水
搓洗干净，沥干水分，再倒入豆浆机中。

2.加入清水至水位线，盖上豆浆机机头，
选择"五谷"程序，再选择"开始"键，
启动豆浆机，待豆浆机运转约15分钟后，
断电，滤去豆渣。

3.将豆浆倒入碗中即可饮用。

套餐三

餐　　单	香菇酿肉	双色花菜	红枣枸杞茶
热　　量	125千卡/100克	45千卡/100克	21千卡/100毫升
建议食用量	100克	150克	200毫升

香菇酿肉

**125千卡/
100克**

香菇含有多种维生素、矿物质，对促进人体新陈代谢、提高机体免疫力有很大好处。

材料

肉末100克，香菇75克，枸杞、姜末、食用油各少许，盐、生粉各适量。

做法

1.将肉末、姜末、盐、生粉、食用油倒入碗中拌匀，制成肉馅。

2.锅中注水烧开，放入少许盐，倒入洗净的香菇焯水，捞出装碗备用。

3.取香菇，在菌盖的褶皱处抹上生粉，放上肉馅捏紧，摆在蒸盘中，撒上洗净的枸杞，酿制好。

4.蒸锅上火烧开，放入蒸盘，蒸约8分钟，出锅即可。

双色花菜

花菜的叶酸含量尤高，具有很高的营养
价值和食疗保健作用。

45千卡/
100克

材料

花菜80克，西兰花80克，胡萝卜片、盐、
素香菇卤汁各少许。

做法

1.在滚水中加盐混匀成盐水备用。

2.花菜、西兰花分别洗净，切小朵，放入
步骤1的盐水中汆烫后捞起，放凉备用。

3.砂锅中倒入素香菇卤汁以大火煮开后，
加入步骤2的双色花菜，转中火焖煮8分
钟，盛出，点缀上胡萝卜片即可。

红枣枸杞茶

本品含有丰富的蛋白质、胡萝卜素、B
族维生素及磷、钙、铁等。

21千卡/
100毫升

材料

红枣18克，枸杞3克。

做法

1.取一碗清水，倒入枸杞和红枣，清洗干
净，待用。

2.将洗净的红枣去核，取果肉切小块。

3.取榨汁机，倒入切好的红枣和洗好的枸
杞，注入适量的温开水，盖好盖子。

4.选择"榨汁"功能，榨取果汁，最后滤
入杯中即可。

套餐四

餐　　单	酿黄瓜	醋拌莴笋萝卜丝	糯米稀粥
热　　量	94千卡/100克	41千卡/100克	50千卡/100毫升
建议食用量	100克	100克	200毫升

酿黄瓜

94千卡/100克

黄瓜含有丰富的维生素E，可起到延年益寿、抗衰老的作用。

材料

肉末150克，黄瓜200克，盐、生粉各适量，食用油、胡椒粉各少许。

做法

1.洗净的黄瓜去皮切段，做成黄瓜盅。

2.肉末加盐、生粉、油、胡椒粉拌匀，腌渍片刻。

3.锅中注水烧开，加入食用油，放入黄瓜段煮至断生，捞出备用。

4.在黄瓜盅内抹上少许生粉后，再放入肉末，备用。

5.蒸锅注水烧开，放入备好的食材，蒸5分钟，取出即可。

醋拌莴笋萝卜丝

本品富含植物纤维素，可帮助消化。

41千卡/
100克

材料

莴笋140克，白萝卜200克，蒜末、葱花
各少许，盐和食用油各少许。

做法

1.洗净去皮的白萝卜和莴笋均切片，再切
成细丝。锅中注水烧开，放入盐、食用
油，倒入白萝卜丝、莴笋丝，续煮至食材
熟软后捞出，沥干待用。

2.将焯煮好的食材放在碗中，撒上蒜末、葱
花，加入盐，搅拌一会儿，至食材入味。

3.取一个干净的盘子，放入拌好的食材，
摆好盘即成。

糯米稀粥

本品能促进胃部消化，增强胃肠蠕动。

50千卡/
100毫升

材料

水发糯米110克。

做法

1.砂锅中注入适量清水，用大火烧开。

2.倒入洗净的糯米，搅拌均匀。

3.盖上盖，烧开后用小火煮约40分钟至糯
米熟透。

4.揭盖，搅拌几下，煮至米粥浓稠。

5.关火后盛出煮好的稀粥，待稍稍放凉后
即可食用。

套餐五

餐　　单	紫菜蛋卷	醋拌芹菜	黄豆浆
热　　量	110千卡/100克	40千卡/100克	35千卡/100毫升
建议食用量	100克	150克	200毫升

紫菜蛋卷

110千卡/100克

本品能补充蛋白质和碘，维持生命活力。

材料
鸡蛋2个，紫菜25克，葱、盐、食用油各适量。

做法
1.紫菜洗净，葱切末；鸡蛋打入碗中，加葱花、盐搅匀。

2.开小火，平底锅中倒入适量油，将蛋液均匀倒入锅中并摊平，形成一个圆形。

3.待鸡蛋煎至两面金黄，盛出放在碟上，铺上一层紫菜，将鸡蛋饼卷起再切成小段即可。

醋拌芹菜

本品能促进肠胃蠕动，帮助消化。

40千卡/
100克

 材料

芹菜梗200克，彩椒10克，盐少许。

做法

1.洗净的彩椒切成丝，洗净的芹菜梗切
成段。

2.锅中注水烧开，倒入芹菜梗，拌匀，略
煮，放入彩椒，煮至食材断生，捞出锅中
食材，沥干水待用。

3.将焯过水的食材倒入碗中，加入盐，搅
拌均匀至食材入味。

4.取一个盘子，盛入拌好的菜肴，摆好盘
即可。

黄豆浆

本品具有美容养颜、增强机体活力的功效。

35千卡/
100毫升

材料

水发黄豆80克。

做法

1.把洗净的黄豆倒入豆浆机中，注入适量
清水，至水位线即可。

2.盖上豆浆机机头，选择"五谷"程序，
再选择"开始"键，开始打豆浆。

3.待豆浆机运转约15分钟（"嘀嘀"声响
起）后，即成豆浆，将豆浆机断电，取下
机头。

4.将豆浆滤渣后装碗即可。

套餐六

餐　　单	紫甘蓝鲈鱼沙拉	芝麻洋葱拌菠菜	白萝卜豆浆
热　　量	60千卡/100克	59千卡/100克	28千卡/100毫升
建议食用量	150克	150克	200毫升

紫甘蓝鲈鱼沙拉

60千卡/100克

本品富含蛋白质和维生素，具有美容养颜的功效。

材料

鲈鱼150克，紫甘蓝100克，圆生菜100克，葱花、盐、橄榄油、白醋各少许。

做法

1.将鲈鱼腌制5分钟，蒸熟备用。

2.将所有蔬菜洗净沥干，放入沸水中焯1分钟捞出，晾凉；将圆生菜撕成块，紫甘蓝切成丝。

3.将鲈鱼与蔬菜放入盘中，加入适量盐、橄榄油、白醋拌匀，装盘，点缀上葱花即可。

芝麻洋葱拌菠菜

本品味美色鲜,含丰富的维生素C、胡萝卜素、蛋白质及铁、钙、磷等矿物质。

59千卡/
100克

材料

菠菜200克，洋葱60克，芝麻、盐和食用油各少许。

做法

1.去皮洗净的洋葱切成丝，择洗干净的菠菜切去根部。锅中注入适量清水，淋入食用油，放入菠菜，拌匀，焯煮半分钟。

2.倒入洋葱丝，拌匀，再煮半分钟，捞出焯煮好的食材，沥干水分。

3.将煮好的菠菜、洋葱装入碗中，加入盐，拌匀，撒上少许芝麻，装盘即可。

白萝卜豆浆

本品能帮助消化，促进新陈代谢。

28千卡/
100毫升

材料

水发黄豆60克，白萝卜50克。

做法

1.将洗净去皮的白萝卜切条，改切成小块。

2.将已浸泡8小时的黄豆倒入碗中，加水搓洗干净，沥干水分。

3.将黄豆、白萝卜倒入豆浆机中，注水，待豆浆机运转约15分钟（"嘀嘀"声响起）后，即成豆浆。

4.把豆浆滤渣后倒入碗中即可。

套餐七

餐　　单	蒸水蛋	山药芹菜沙拉	圣女果芒果汁
热　　量	70千卡/100克	35千卡/100克	21千卡/100毫升
建议食用量	200克	200克	200毫升

蒸水蛋

70千卡/100克

本品能补充蛋白质，增强机体活力。

材料

鸡蛋2个，青豆、盐、食用油各少许。

做法

1.将鸡蛋打入蒸碗中，并打散，加入盐、食用油搅拌均匀。

2.加入约280毫升温水，一边加水一边顺时针搅拌均匀。

3.蒸锅中放入适量水，烧开；水开后把蛋放入，大火蒸约10分钟，取出，撒上青豆装饰即可。

山药芹菜沙拉

本品具有降低血糖、美容养颜的功效。

35千卡/
100克

材料

山药50克，芹菜、黑木耳各100克，彩椒
20克，白醋、橄榄油和盐各少许。

做法

1.山药洗净，削皮，切菱形片，焯水断生。

2.黑木耳洗净，焯水至熟；彩椒洗净切成
菱形片。

3.芹菜洗净切段，焯熟备用。

4.将上述食材均装盘，放入橄榄油、白醋
和盐，拌匀即可。

圣女果芒果汁

本品具有润肠通便、美肤养颜的功效。

21千卡/
100毫升

材料

芒果135克，圣女果90克。

做法

1.将圣女果洗干净后对半切开。

2.洗好的芒果去皮取果肉，切成小块。

3.在榨汁机中倒入切好的圣女果和芒果
肉，注入适量纯净水后盖上盖子，启动榨
汁机，搅打均匀成汁。

4.倒出果汁，装入杯中，即可享用新鲜美
味的果汁。

套餐八

餐　　　单	砂姜彩椒炒鸡胸肉	炝拌包菜	红豆马蹄汤
热　　　量	112千卡/100克	35千卡/100克	36千卡/100毫升
建议食用量	100克	200克	200毫升

砂姜彩椒炒鸡胸肉

112千卡/100克

本品富含蛋白质，能增强身体活力。

材料

鸡胸肉120克，彩椒70克，砂姜90克，盐、生粉、胡椒粉、葱段各适量，食用油少许。

做法

1.洗净的鸡胸肉切丁，加入胡椒粉、生粉、盐拌匀，腌渍10分钟。

2.彩椒切片，装入碗中备用；砂姜去皮切片。

3.锅中注水烧开，放砂姜、彩椒煮半分钟捞出。

4.用油起锅，倒入鸡胸肉炒散，放葱段炒香，倒入砂姜、彩椒炒匀，盛出即可。

炝拌包菜

本品能补充身体所需的维生素，促进消化。

35千卡/
100克

材料

包菜200克，蒜末、枸杞各少许，盐和食
用油各适量。

做法

1.洗净的包菜切去根部，再切成小块，撕
成片，备用。

2.锅中注入适量清水，用大火烧开，加少
许油，倒入备好的包菜、枸杞，拌匀。

3.关火后捞出焯煮好的食材，沥干水分。

4.取一个大碗，放入焯好的食材，放入蒜
末，加入适量盐拌匀，至食材入味，装入
盘中即可。

红豆马蹄汤

本品具有利尿排毒、美容养颜的功效。

36千卡/
100毫升

材料

马蹄肉、水发红豆各150克，姜片、盐
各少许。

做法

1.砂锅置火上，注入适量清水，用大火烧
开，倒入洗好泡发的红豆。

2.盖上盖，大火煮开后转小火煮30分钟。
揭盖，放入备好的姜片、马蹄肉，拌匀。
再盖上盖，续煮30分钟至食材熟透。

3.揭盖，加入盐，拌匀调味。关火后盛出
煮好的汤料，装入碗中即可。

套餐九

餐　　单	酸奶水果杯	田园沙拉	黄豆香菜汤
热　　量	56千卡/100克	35千卡/100克	40千卡/100毫升
建议食用量	200克	100克	200毫升

酸奶水果杯

56千卡/100克

本品含有膳食纤维、维生素和矿物质等营养成分，具有减肥瘦身、改善便秘、美容养颜等功效，适合女性经常食用。

材料

火龙果130克，苹果80克，橙子70克，酸奶75克。

做法

1. 将火龙果、橙子、苹果清洗去皮后各取果肉，切小块。
2. 取一个干净的玻璃杯。
3. 将已经切好的火龙果、橙子和苹果放入玻璃杯中，均匀地淋上酸奶即可。

田园沙拉

本品能清理肠胃，促进消化。

35千卡/
100克

 材料

黄瓜200克，番茄100克，洋葱60克，
盐、橄榄油、白醋、黑橄榄各少许。

 做法

1.将所有蔬菜洗净，黄瓜对半切开后切成
0.7厘米厚的片，番茄切成6~8块，洋葱切成
片，黑橄榄切成圈。

2.将黄瓜、番茄、洋葱、黑橄榄放入碗
中，淋上橄榄油和白醋，加盐拌匀，盛入
盘中即可。

黄豆香菜汤

本品能促进肠道蠕动，加快排便速度，
防止便秘和降低肠癌的风险。

40千卡/
100毫升

材料

水发黄豆220克，香菜30克，盐少许。

做法

1.将洗净的香菜切长段，备用。砂锅中注
入适量清水烧热，倒入洗净的黄豆，煮至
食材熟软，撒上切好的香菜，搅散。

2.盖上盖，用小火续煮约10分钟，至食材
熟透，揭盖，搅拌几下，关火后盛出煮好
的黄豆香菜汤。

3.将汤汁滤在碗中，饮用时加入少许盐，
拌匀即可。

套餐十

餐　　单	白灼鲜虾	玉米笋豌豆沙拉	冬瓜菠萝汁
热　　量	100千卡/100克	50千卡/100克	26千卡/100毫升
建议食用量	100克	200克	200毫升

白灼鲜虾

100千卡/100克

本品含有优质蛋白质和丰富的钾、碘、维生素A、氨茶碱等成分，有抗衰老的功效。

材料

鲜虾150克，姜、蒜、香醋各少许。

做法

1.大蒜切细，放香醋，拌匀做酱汁备用；姜切片。

2.锅洗净，注入少量水，加姜片。

3.煮开后放鲜虾，略翻一下，虾变红色即熟捞起，佐酱汁食用即可。

玉米笋豌豆沙拉

本品能补充维生素，增强人体活力。

50千卡/
100克

材料

玉米笋50克，豌豆30克，洋葱20克，南
瓜20克，橄榄油、白醋和盐各少许。

做法

1.玉米笋、豌豆洗净，焯熟；洋葱洗净，
切丝；南瓜洗净，切片，焯熟。

2.取一碗，装入以上所有食材；加入橄榄
油、白醋、盐拌匀即可。

冬瓜菠萝汁

冬瓜中的丙醇二酸，可控制体内糖类转
化为脂肪，防止脂肪堆积。

26千卡/
100毫升

材料

冬瓜100克，菠萝90克。

做法

1.将冬瓜以及菠萝去皮取肉，洗净，切
小块。

2.将切好的冬瓜、菠萝倒入备好的榨汁机
中，注入适量纯净水。

3.盖好盖子，启动榨汁机，榨出蔬果汁。

4.将蔬果汁倒入干净的杯子中即可享用。

063

套餐十一

餐　　单	玉米鸡蛋羹	生菜面包沙拉	芹菜苹果汁
热　　量	94千卡/100克	70千卡/100克	32千卡/100毫升
建议食用量	100克	100克	200毫升

玉米鸡蛋羹

94千卡/ 100克

本品营养丰富，易消化，健脑防衰老，利于肠道健康，是健康的减肥食品。

 材料

玉米粒50克，鸡蛋2个，鲜豌豆50克，香菇30克，冬笋20克，牛奶少许，葱1根、姜、盐、食用油、料酒、淀粉各适量。

 做法

1.鲜豌豆放入热水中泡一下，捞出放入凉水中泡凉。鸡蛋打散备用。

2.炒锅烧热，加食用油，用葱、姜、料酒煸锅。

3.倒入豌豆、香菇、冬笋，倒入玉米粒、鸡蛋液、牛奶和盐，煮熟后加入淀粉勾芡即可。

生菜面包沙拉

本品能补充维生素和蛋白质。

70千卡/
100克

🥗 材料

生菜80克，胡萝卜20克，烤面包适量，黑
芝麻、白醋、橄榄油和盐各少许。

🔪 做法

1.生菜洗净；胡萝卜洗净，去皮切片；烤
面包切小块。

2.将上述材料放入盘中，加入少许白醋、
橄榄油、盐拌匀，用黑芝麻点缀即可。

芹菜苹果汁

本品具有补充维生素、增强活力的功效。

32千卡/
100毫升

🥗 材料

苹果125克，芹菜45克。

🔪 做法

1.芹菜洗净后切小段，苹果洗净后切小块。

2.取出备好的榨汁机，倒入切好的芹菜和
苹果。

3.在榨汁机中注入适量纯净水，盖好盖
子，启动按钮，将蔬果搅打成汁。

4.将汁液过滤后再倒入干净的杯子即可。

套餐十二

餐　　单	番茄滑蛋	上汤芦笋	燕麦豆浆
热　　量	92千卡/100克	33千卡/100克	42千卡/100毫升
建议食用量	100克	200克	200毫升

番茄滑蛋

92千卡/100克

本品营养丰富，风味独特，具有减肥瘦身、润肠通便、促进食欲、减少胃肠积食的功效。

材料

番茄100克，鸡蛋2个，盐、食用油、淀粉各适量。

做法

1.洗净的番茄切丁备用。

2.鸡蛋打散与淀粉、水和盐混合搅拌均匀。锅中倒入食用油烧热，放入鸡蛋液，以最小火慢慢将蛋煎至七成熟。

3.放入番茄丁翻炒至熟即可盛盘。

上汤芦笋

本品能补充维生素和蛋白质，提高机
体免疫力。

33千卡/
100克

材料

芦笋100克，香菇、胡萝卜各少许，虾仁
20克，盐和食用油各适量。

做法

1.芦笋去根洗净，香菇洗净切丝，胡萝卜
洗净切丝，虾仁洗净。

2.锅热入油，煸炒芦笋，倒入一碗水，加
盐烧开，放入香菇丝、胡萝卜丝、虾仁，
加盖煮2分钟即可。

燕麦豆浆

本品富含蛋白质和钙，能促进消化和吸收。

42千卡/
100毫升

材料

水发黄豆70克，燕麦片30克。

做法

1.取备好的豆浆机，倒入洗净的黄豆，撒
上备好的燕麦，注入适量清水。

2.盖上豆浆机机头，选择"快速豆浆"，
再按"启动"键，待机器运转约20分钟
（"嘀嘀"声响起）后，即成豆浆。

3.断电后取下豆浆机机头，倒出豆浆，装
在小碗中即可。

套餐十三

餐　　单	山药炒肚片	椒丝炒苋菜	白菜冬瓜汤
热　　量	93千卡/100克	40千卡/100克	12千卡/100毫升
建议食用量	100克	200克	250毫升

山药炒肚片

93千卡/100克

本品含有多种微量元素、维生素和矿物质，热量低，有减肥健美、促消化、增强人体免疫功能、延缓衰老的功效。

材料

山药300克，熟猪肚200克，青椒、红椒各40克，姜片、蒜末各少许，食用油、盐、葱段各适量。

做法

1.山药洗净去皮切片，泡在水中；青椒、红椒去籽切块；熟猪肚切丝，装碗。

2.锅中加水烧开，放食用油、红椒、青椒、山药，煮至八成熟后捞出。

3.用油起锅，爆香姜片、蒜末、葱段，倒入所有的食材，加盐炒入味即成。

椒丝炒苋菜

本品能帮助食素者补铁补血，还具有美
容养颜的功效。

40千卡/
100克

🥛 材料

苋菜150克，彩椒40克，蒜末少许，盐和
食用油各适量。

🔪 做法

1.将洗净的彩椒切成丝，装入盘中，待用。

2.用油起锅，放入蒜末，爆香；倒入洗净
的苋菜，翻炒至其熟软；放入彩椒丝，翻
炒均匀。

3.加入适量盐炒匀调味；关火后盛出炒好
的菜肴，装入盘中即可。

白菜冬瓜汤

白菜含有丰富的粗纤维，能促进肠壁蠕
动，帮助消化。

12千卡/
100毫升

🥛 材料

大白菜180克，冬瓜200克，枸杞8克，姜
片少许，盐和食用油各适量。

🔪 做法

1.将洗净去皮的冬瓜切成片，大白菜洗净切
成小块。用油起锅，放入少许姜片，爆香；
倒入冬瓜片，炒匀，放入大白菜，炒匀。

2.倒入适量清水，放入洗净的枸杞，盖上
盖，烧开后用小火煮5分钟，至食材熟透。

3.揭盖，加入盐，搅匀调味，将煮好的汤
料盛出，装入碗中即成。

069

套餐十四

餐　　单	黄瓜彩椒炒鸭肉	蒜蓉芥蓝片	花菜香菇粥
热　　量	157千卡/100克	30千卡/100克	46千卡/100毫升
建议食用量	100克	100克	100毫升

黄瓜彩椒炒鸭肉

157千卡/100克

本品富含蛋白质、糖类，营养价值高，易于消化，可美容美白。

 材料

鸭肉180克，黄瓜90克，彩椒30克，盐、水淀粉、生抽、料酒各适量，食用油、姜片各少许。

做法

1.洗净的彩椒切小块，洗净的黄瓜去籽切小块。

2.将处理干净的鸭肉去皮，切丁装碗，加水淀粉、生抽、料酒腌渍约15分钟。

3.用食用油滑锅，放姜片爆香，倒入鸭肉，快速翻炒至变色；淋料酒，放入彩椒、黄瓜，加盐、生抽、水淀粉，翻炒至食材入味。盛出装盘即可。

蒜蓉芥蓝片

本品可加快胃肠蠕动，有助消化。

材料

芥蓝梗350克，蒜蓉少许，盐和食用油
各适量。

30千卡/
100克

做法

1.洗净去皮的芥蓝梗切成片。

2.锅中注入适量清水烧开，加入盐、芥蓝
片，注入适量食用油，拌匀，煮约半分
钟，捞出焯好的芥蓝片，待用。

3.用油起锅，放入蒜蓉，爆香，倒入焯好
的芥蓝片，加入盐，快速翻炒均匀；关火
后盛出炒好的芥蓝片，装盘即可。

花菜香菇粥

本品能补充维生素，促进消化。

材料

西兰花100克，花菜、胡萝卜各80克，大
米200克，香菇、盐各少许。

46千卡/
100毫升

做法

1.洗净去皮的胡萝卜切丁；香菇切成条；花
菜、西兰花分别去除菜梗，再切成小朵。

2.砂锅中注水烧开，倒入洗好的大米，盖
上盖，用大火煮开后转小火煮40分钟。

3.揭盖，倒入香菇、胡萝卜、花菜、西兰
花，拌匀，续煮15分钟，加入适量盐，拌
匀调味；关火后盛出煮好的粥，装入碗中
即可。

套餐十五

餐　　单	鸡胸肉西芹沙拉	蜜蒸白萝卜	杏仁豆浆
热　　量	69千卡/100克	38千卡/100克	30千卡/100毫升
建议食用量	200克	150克	200毫升

鸡胸肉西芹沙拉

69千卡/ 100克

本品富含矿物质及多种维生素，具有润肤、抗衰老等功效。

材料

鸡胸肉100克，黄瓜50克，西芹40克，红辣椒1个，蒜、白醋、盐、橄榄油、胡椒粉各适量。

做法

1.把4杯水、盐、胡椒粉和蒜放入锅中，水沸后放入鸡胸肉，开大火煮沸后继续煮15分钟，捞出鸡胸肉，放凉后沥干，顺着纹路撕成条。

2.将所有蔬菜洗净，黄瓜切成斜片；西芹去掉叶子，切斜片；红辣椒切成圈。

3.将所有食材盛入盘中，淋上白醋、盐、橄榄油，拌匀即可。

蜜蒸白萝卜

本品能加快胃肠蠕动，促进消化，防止
便秘。

38千卡/
100克

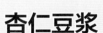材料

白萝卜350克，枸杞8克，蜂蜜10克。

做法

1.将洗净去皮的白萝卜切成条，备用。

2.取一个干净的蒸盘，放上切好的白萝
卜，摆好，再撒上洗净的枸杞，待用。

3.蒸锅中注入适量清水烧开，放入蒸盘。

4.盖上盖，蒸约5分钟，至白萝卜熟透；揭
开盖，取出蒸好的白萝卜，趁热浇上蜂蜜
即可。

杏仁豆浆

本品具有促进消化、润肠通便的功效。

30千卡/
100毫升

材料

杏仁10克，水发黄豆50克。

做法

1.将已浸泡8小时的黄豆倒入碗中，注入清
水，用手搓洗干净，沥干水分。

2.将黄豆、杏仁倒入豆浆机中，注水至水
位线。

3.盖上豆浆机机头，选择"五谷"程序，
再选择"开始"键，开始打浆。

4.待豆浆机运转约15分钟（"嘀嘀"声响
起）后，滤取豆浆即可。

套餐十六

餐　　单	百合炒虾仁	蒜香蒸南瓜	角瓜番茄汤
热　　量	54千卡/100克	41千卡/100克	46千卡/100毫升
建议食用量	200克	100克	200毫升

百合炒虾仁

54千卡/100克

本品清淡爽口，易于消化，具有利尿消肿、防止动脉硬化、安定情绪的功效。

材料

虾仁100克，百合10克，西芹30克，甜椒30克，鸡蛋清半个，高汤、食用油、调料各适量。

做法

1. 虾仁洗净，挑去肠，用盐、胡椒粉、鸡蛋清、淀粉拌匀，腌制10分钟。

2. 百合、西芹与甜椒分别洗净后焯水，西芹与甜椒切成小段。

3. 锅内倒食用油烧至三分热，将虾仁放入锅中滑散。

4. 锅内留适量油烧热，放入百合、西芹、甜椒炒匀，加虾仁翻炒，用盐、胡椒粉调味，用高汤勾薄芡即可。

蒜香蒸南瓜

41千卡/
100克

南瓜所含成分能促进胆汁分泌，加强胃
肠蠕动，帮助食物消化。

 材料

南瓜400克，蒜末25克，盐少许。

 做法

1.洗净去皮的南瓜切厚片，摆入盘中；取
一碗，加入蒜末、盐，调成味汁。

2.把调好的味汁浇在南瓜片上；蒸锅中注
入适量清水烧开，放入食材，蒸至南瓜熟
透，取出即可。

角瓜番茄汤

46千卡/
100毫升

角瓜含有丰富的纤维素，能够促进胃肠
的蠕动，加快人体的新陈代谢。

材料

角瓜200克，番茄140克，盐和芝麻油各
适量。

做法

1.将洗好的角瓜切开，去除瓜瓤，再切丁；
洗净的番茄切开，再切小瓣。

2.锅中注水烧开，倒入角瓜、番茄，拌
匀，用大火煮约4分钟，至食材熟软。

3.加入盐，注入适量芝麻油，拌匀，略煮；
关火后盛出煮好的汤，装在碗中即可。

套餐十七

餐　　单	清蒸银鳕鱼	清甜三丁	冬瓜薏米汤
热　　量	99千卡/100克	69千卡/100克	20千卡/100毫升
建议食用量	100克	150克	200毫升

清蒸银鳕鱼

99千卡/100克

银鳕鱼肉质白细鲜嫩，营养丰富，可以健脑明目、增强记忆力、促进脑部发育、缓解压力、改善情绪。

材料

银鳕鱼150克，姜丝、葱丝、盐、料酒、红椒丝、蒸鱼豉油各适量。

做法

1.银鳕鱼解冻洗净后，用葱、姜、盐、料酒腌渍。

2.腌制好的银鳕鱼放入蒸锅中蒸熟，放上葱丝和红椒丝，沿盘边倒入蒸鱼豉油。

3.倒入少许烧热的食用油浇在葱丝上即可食用。

清甜三丁

黄瓜中含有丰富的维生素E，可起到延年
益寿、抗衰老的作用。

69千卡/
100克

材料

山药120克，黄瓜100克，芒果135克，盐
和食用油各适量。

做法

1.将洗净的山药去皮切丁，洗净的黄瓜切
成丁，去皮洗净的芒果切成小丁块。

2.锅中注水烧开，倒入山药丁，煮约半分
钟，放入黄瓜，续煮片刻，倒入芒果丁，
略煮一会儿，捞出煮好的食材，装盘。

3.用油起锅，倒入焯煮好的食材，加入盐
炒匀调味，关火后盛出即可。

冬瓜薏米汤

薏米含有多种维生素和矿物质，有促进
新陈代谢和减少胃肠负担的作用。

20千卡/
100毫升

材料

冬瓜90克，水发薏米55克，盐2克。

做法

1.将洗净的冬瓜去皮切块，装盘，待用。

2.砂锅中注水，放入泡好的薏米，搅匀，
盖上盖，烧开后用小火煮20分钟，至薏米
熟软；揭盖，放入切好的冬瓜。

3.盖上盖，用小火煮15分钟，至全部食
材熟透；揭盖，放入盐，用勺搅匀，煮至
沸，关火后将汤料盛出，装入碗中即可。

套餐十八

餐　　单	番茄鸡肉丁	香菇扒生菜	红豆小米粥
热　　量	97千卡/100克	51千卡/100克	46千卡/100毫升
建议食用量	100克	100克	200毫升

番茄鸡肉丁

97千卡/100克

本品营养丰富，易吸收，具有强壮筋骨、美容抗皱、美白防衰老的功效。

材料

鸡胸肉200克，番茄150克，青椒100克，盐、酱油、料酒、淀粉、姜、葱、食用油各适量。

做法

1.鸡胸肉洗净切丁，加盐、酱油、料酒和淀粉抓匀腌制一会儿；番茄洗净，切丁；青椒洗净切小块。

2.锅内注油烧热，加鸡胸肉丁滑熟，盛出。

3.锅内放食用油，加葱、姜爆香，加番茄丁、青椒块大火翻炒几下，加盐调味，加入炒好的鸡胸肉丁翻炒均匀即可。

香菇扒生菜

本品富含维生素，能促进身体排毒。

51千卡/
100克

材料

生菜400克，香菇70克，彩椒50克，盐和
食用油各适量。

做法

1.将洗净的生菜切开，洗净的香菇切小
块，洗净的彩椒切粒。

2.开水锅中放入食用油，倒入生菜，煮至
其熟软，捞出待用；沸水锅中倒入香菇，
煮约半分钟，捞出。

3.用油起锅，放入清水、香菇、盐拌匀，
炒至汤汁收浓，关火待用。

4.取一盘，摆上生菜，盛入炒好的食材，
撒上彩椒粒即可。

红豆小米粥

本品含丰富的蛋白质、脂肪和维生素，可减
少皱纹、色斑，常喝能养出面部好气色。

46千卡/
100毫升

材料

红豆20克，小米50克，大米30克。

做法

1.红豆、大米挑拣干净，用清水洗净，倒
入锅中，加适量水浸泡2小时。

2.小米用清水淘洗干净，倒入锅中。

3.选取电饭煲1小时煮粥功能，煮至粥黏稠
即可。

套餐十九

餐　　单	肉末炖豆腐	白灼生菜	白萝卜冬瓜豆浆
热　　量	80千卡/100克	36千卡/100克	28千卡/100毫升
建议食用量	150克	200克	200毫升

肉末炖豆腐

80千卡/100克

本品能增加营养，帮助消化，减少便秘，有助减肥，增加血液中铁的含量，防治骨质疏松，预防感冒。

材料

猪肉末30克，豆腐100克，胡萝卜丁10克，青豆10克，盐、酱油、生粉、姜丝、高汤、食用油各适量。

做法

1.坐锅点火，注油烧热后放入姜丝、猪肉末，然后倒入酱油、高汤。

2.把豆腐切成块放入锅中，5分钟后放入胡萝卜丁和青豆，煮5分钟后再放入盐和生粉勾芡，起锅即可。

白灼生菜

生菜营养丰富，含有大量β－胡萝卜素、抗氧化物、维生素等营养成分，可消除多余脂肪。

36千卡/
100克

材料

生菜150克，盐、食用油各适量。

做法

1.生菜拨开洗净，备用。

2.锅内烧开水，加入少许食用油，放入生菜焯水。将生菜捞出沥干水分，整齐摆放在盘子里即可。

白萝卜冬瓜豆浆

本品含有丰富的维生素A、维生素C等各种维生素，有嫩肤美颜、降压降脂的功效。

28千卡/
100毫升

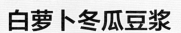 材料

水发黄豆60克，冬瓜15克，白萝卜15克，盐少许。

做法

1.将洗净去皮的冬瓜、白萝卜切块。

2.把浸泡8小时的水发黄豆和冬瓜、白萝卜一起倒入豆浆机，加适量清水，打成豆浆。

3.用滤网滤取豆浆，倒入碗中，加少许盐，拌匀调味即可饮用。

套餐二十

餐　　单	清蒸莲藕饼	春色满园	芋头糙米粥
热　　量	118千卡/100克	60千卡/100克	52千卡/100毫升
建议食用量	100克	150克	100毫升

清蒸莲藕饼

118千卡/100克

本品口感甜脆，营养丰富，促进新陈代谢，防止皮肤粗糙，强壮筋骨，利尿通便，美容祛痘。

材料

猪肉末100克，莲藕60克，胡萝卜末、青椒碎各少许，盐、食用油、糖适量。

做法

1. 莲藕去皮，切成藕盒，即第一刀不要切断，第二刀切断。切完后用清水洗净，放盐、糖腌渍至其变软。

2. 猪肉末中放淀粉、油搅拌，做成馅料。

3. 把腌渍好的藕盒用清水清洗，以免太咸。

4. 把馅料小心地酿进藕盒里，摆好盘，放到锅中蒸熟，撒上胡萝卜末、青椒碎即可。

春色满园

本品营养丰富，搭配均衡，常吃可以调
节生理机能，促进新陈代谢。

🥛材料

鲜虾50克，玉米粒20克，西兰花50克，
豌豆粒少许，盐、水淀粉、胡椒粉、料酒
各适量，食用油少许。

🍳 做法

1.鲜虾去头去壳留尾，挑去虾线，洗净后
沥干，加料酒、胡椒粉和盐腌渍10分钟。

2.西兰花切小朵，放入加有少许食用油、
盐的沸水中快速焯烫后捞出；豌豆粒、玉
米粒焯熟；锅内加水烧热，放入虾焯熟。

3.将所有材料放入锅中翻炒，倒入水淀粉快
速搅匀后关火，再调入适量盐搅匀即可。

60千卡/
100克

52千卡/
100毫升

芋头糙米粥

本品含有丰富的营养物质，性质温和，
可滋养脾胃、润泽肌肤。

🥛材料

水发糙米80克，去皮芋头140克，核桃
仁少许。

🍳 做法

1.洗净去皮芋头，切丁待用。

2.砂锅中注水，倒入洗净的水发糙米拌
匀，加盖，煮40分钟至食材变软。

3.揭盖，倒入切好的芋头丁、核桃仁，搅
匀。加盖，续煮30分钟至熟；揭盖，搅拌
几下，关火后盛出煮好的粥即可。

套餐二十一

餐　　单	乡村蛋卷	鲍汁杏鲍菇	板栗燕麦豆浆
热　　量	64千卡/100克	42千卡/100克	40千卡/100毫升
建议食用量	100克	200克	200毫升

乡村蛋卷

64千卡/100克

本品营养丰富，可健脑、美容，收敛和消除皮肤皱纹。

材料

鸡蛋2个，黄瓜1根，胡萝卜、盐、食用油各适量。

做法

1.胡萝卜洗净削皮、切片，再切丝，装碗备用。

2.黄瓜洗净削皮、切斜片，再切丝，装碗备用。

3.鸡蛋打散，加入适量盐搅匀备用。

4.锅中加入适量油，将鸡蛋液倒入后，转动锅，待鸡蛋液完全凝固后，将蛋皮放入盘中摊凉。

5.将胡萝卜丝、黄瓜丝平铺在蛋皮上，将蛋皮卷起后，切断装盘即可。

鲍汁杏鲍菇

本品口感鲜嫩、味道清香，营养丰富，可提高人体免疫功能，具有消食、降血脂、润肠胃以及美容等功效。

材料

杏鲍菇200克，鲍鱼汁、盐、姜片、淀粉各适量。

做法

1.将洗净的杏鲍菇切条。

2.根据口味，用鲍鱼汁、盐、姜片、水调好汤汁。

3.将切好的杏鲍菇放入汤汁中煮熟后，捞出摆盘，将汤留在锅中。

4.在锅中倒入淀粉勾芡，芡勾兑好后，淋于杏鲍菇上即可。

42千卡/100克

板栗燕麦豆浆

本品营养全面，易消化吸收，可促进肠道蠕动，防止便秘，消除疲劳。

材料

水发黄豆50克，板栗肉20克，水发燕麦30克，白糖适量。

做法

1.将洗净的板栗肉切小块；把已浸泡8小时的水发黄豆、水发燕麦洗净。

2.放入滤网，沥干水分，再倒入豆浆机中，加入板栗块，倒入适量清水，启动豆浆机，榨成豆浆。

3.把榨好的豆浆倒入滤网，滤去豆渣，加入适量白糖拌匀即可。

40千卡/100毫升

套餐二十二

餐　　单	生菜蛋卷	小炒菠菜	番茄豆芽汤
热　　量	85千卡/100克	46千卡/100克	10千卡/100毫升
建议食用量	200克	100克	200毫升

生菜蛋卷

85千卡/100克

本品纤维含量高，热量低，具有清脂瘦身、增强免疫力、抗衰老、降血脂、解酒、醒体的建议作用。

材料

鸡蛋2个，生菜、黄瓜、盐、食用油各适量。

做法

1.洗净的黄瓜切丝；鸡蛋打散，加入适量盐搅匀备用。

2.锅中加入适量食用油，将鸡蛋液倒入后，转动锅，待鸡蛋液完全凝固后，将蛋皮放入盘中摊凉。

3.将生菜、黄瓜丝平铺在蛋皮上，卷起切块即可。

小炒菠菜

本品能补钙补铁，促进生长发育，增强
免疫力，促进肠道蠕动。

 材料

菠菜150克，红椒圈少许，盐和食用油各
适量。

 做法

1.菠菜洗净去根，焯水捞出。

2.热锅放食用油，倒入菠菜，大火翻炒均
匀，加盐调味，盛出，点缀上红椒圈即可。

46千卡/
100克

番茄豆芽汤

本品具有减肥瘦身、消除疲劳、增进食
欲、提高对蛋白质的消化、减少胃胀食
积等功效。

 材料

番茄50克，绿豆芽15克，葱花少许。

 做法

1.洗净的番茄切成瓣，待用。

2.砂锅置于火上，加入适量清水，用大火
烧热。

3.倒入番茄、绿豆芽，拌匀；加盐，略煮
一会儿至食材入味；关火后盛出煮好的汤
料，装入碗中，撒上葱花即可。

10千卡/
100毫升

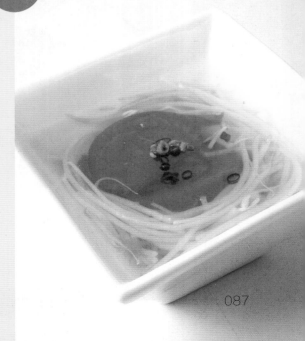

套餐二十三

餐　　单	蒸紫薯	牛肉彩椒胡萝卜沙拉	西兰花芹菜苹果汁
热　　量	70千卡/100克	42千卡/100克	40千卡/100毫升
建议食用量	100克	200克	200毫升

牛肉彩椒胡萝卜沙拉

42千卡/100克

本品有保护视力、清理肠道、增进消化等作用。

材料

牛肉50克，彩椒100克，胡萝卜80克，番茄50克，包菜50克，盐、白醋、橄榄油各适量，罗勒叶少许。

做法

1.将牛肉焯水煮熟，切丝。

2.彩椒、胡萝卜、番茄、包菜、罗勒叶洗净切好。

3.将彩椒、胡萝卜焯水，捞出和其他材料一起摆入盘中，淋上白醋、橄榄油，加盐调味拌匀即可。

西兰花芹菜苹果汁

40千卡/
100毫升

本品含有蛋白质、维生素、矿物质等营养成
分，能提高机体免疫力、健肠胃、促消化。

材料

熟西兰花95克，苹果50克，芹菜50克。

做法

1.将洗净的芹菜切小段，苹果取果肉切小块。

2.将熟西兰花、芹菜段、苹果块倒入备好的榨
汁机中，加纯净水至没过食材。

3.盖好盖子，启动榨汁机，榨取蔬果汁。

4.将榨好的蔬果汁倒入干净的杯子中即可。

套餐二十四

餐　单	蒸玉米	藜麦双色花菜沙拉	胡萝卜圣女果雪梨汁
热　量	112千卡/100克	60千卡/100克	33千卡/100毫升
建议食用量	100克	100克	200毫升

藜麦双色花菜沙拉

60千卡/100克

本品具有增强机体功能、调节免疫和内分泌、提高机体应激能力。

材料

西兰花、花菜各100克，白萝卜丝30克，番茄50克，藜麦20克，橄榄油、白醋、盐各适量。

做法

1.西兰花、花菜洗净，择小朵；番茄洗净，切块。

2.西兰花、花菜放沸水中焯熟，捞出待晾；藜麦煮熟备用。

3.用一个碗装上番茄块、白萝卜丝，已焯好的西兰花、花菜、煮熟的藜麦，将橄榄油、白醋、盐淋上拌匀即可。

胡萝卜圣女果雪梨汁

33千卡/
100毫升

本品能减少皱纹，延缓衰老。

 材料

雪梨60克，圣女果5颗，胡萝卜40克。

 做法

1.洗净的雪梨去皮，切小块；洗好的胡萝卜切成
小块；洗净的圣女果切开，备用。

2.取榨汁机，放入雪梨、圣女果、胡萝卜，倒入
纯净水，盖好盖子。

3.选择"榨汁"功能，榨取果汁，滤入杯中即可。

套餐二十五

餐　　　单	香拌金针菇	芹菜炒土豆丝	海带豆腐汤
热　　　量	45千卡/100克	50千卡/100克	23千卡/100毫升
建议食用量	200克	200克	200毫升

香拌金针菇

45千卡/100克

本品可促进新陈代谢，缓解疲劳。

材料

金针菇100克，黄瓜30克，胡萝卜20克，盐和食用油各少许。

做法

1.将金针菇洗净，锅中放适量水，煮开后放入金针菇，煮熟后用冷水冲洗后捞出。

2.黄瓜、胡萝卜洗净，切成丝；锅中放适量水，煮开后滴入几滴油，放入胡萝卜丝，煮熟后用冷水冲洗后捞出备用。

3.把金针菇、黄瓜丝、胡萝卜丝放入容器中，放入盐，抓拌均匀即可。

芹菜炒土豆丝

本品富含多种维生素、无机盐和膳食纤维，能促进血液循环，刺激胃肠蠕动，利于排便，抗衰老，美白护肤。

50千卡/
100克

材料

土豆150克，芹菜100克，葱、盐、油、醋各适量。

做法

1.蔬菜均洗净，芹菜去叶、根，切段；葱切末；土豆削皮，切细丝，放沸水中焯水，捞出过凉水沥干。

2.将盐、醋放碗内，兑成汁。

3.热油锅中放土豆丝、芹菜段翻炒，倒入兑好的汁，翻炒入味即可。

海带豆腐汤

本品富含氨基酸和蛋白质，热量低，有降脂瘦身、排毒美容的功效。

23千卡/
100毫升

材料

豆腐150克，水发海带丝120克，姜丝少许，冬瓜50克，盐和胡椒粉各适量。

做法

1.将洗净的豆腐切开，改切条形，再切小方块；洗净去皮的冬瓜切小块，备用。

2.锅中注水烧开，放入姜丝、冬瓜块、豆腐块，再放入洗净的水发海带丝，拌匀。

3.用大火煮至食材熟透，加入盐、适量胡椒粉，拌匀，略煮一会儿至汤汁入味。关火后盛出煮好的汤料，装入碗中即成。

套餐二十六

餐　　单	竹笋彩椒沙拉	上汤豆苗	胡萝卜南瓜粥
热　　量	45千卡/100克	45千卡/100克	38千卡/100毫升
建议食用量	200克	200克	200毫升

竹笋彩椒沙拉

45千卡/100克

本品低脂肪、低糖、多纤维，具有促进肠道蠕动、帮助消化、预防大肠癌、减肥清脂等功效。

材料

竹笋200克，彩椒、盐、白醋、橄榄油各适量。

做法

1.竹笋洗净，切成斜段；彩椒洗净，切丝。

2.锅内加水烧沸，放入竹笋段、彩椒丝焯熟后，捞起沥干装入盘中。

3.加入盐、白醋、橄榄油拌匀即可。

45千卡/
100克

上汤豆苗

本品营养丰富且绿色无公害，清香脆
爽，鲜美独特，助消化，可使肌肤光滑
柔软。

材料

豆苗100克，上汤150毫升，草菇少许，
盐、食用油各适量。

做法

1.豆苗掐去根部老的部分，洗净，沥干水
分待用；草菇洗净切薄片。

2.炒锅添少许食用油，加入草菇，炒几
下，加上汤，改大火烧开。

3.大火将汤水熬到雪白，加入少许盐调
味，将豆苗放入锅中，用筷子拨散，立刻
关火起锅即可。

胡萝卜南瓜粥

38千卡/
100毫升

本品含丰富的胡萝卜素和维生素，具有
保护心血管健康、提高机体免疫力、祛
斑等功效。

材料

水发大米50克，南瓜90克，胡萝卜60克。

做法

1.洗好的胡萝卜切成粒。

2.将洗净去皮的南瓜切成粒。

3.砂锅中加入适量清水烧开，倒入洗净的
水发大米，拌匀，放入切好的南瓜粒、胡
萝卜粒，搅拌均匀。

4.盖上锅盖，烧开后用小火煮约40分钟至
食材熟软，持续搅拌一会儿，关火后盛入
碗中即可。

套餐二十七

餐　　单	芹菜炒木耳	白灼菜心	白萝卜汤
热　　量	30千卡/100克	36千卡/100克	18千卡/100毫升
建议食用量	200克	300克	300毫升

芹菜炒木耳

30千卡/100克

本品含丰富的植生素，食物纤维，可以降脂，抑制脂肪。

材料

芹菜100克，木耳200克，胡萝卜半根，食用油、姜各适量。

做法

1.芹菜去叶洗净切段；木耳泡发洗净，撕成小朵；胡萝卜洗净切丝；姜切丝。

2.用食用油起锅，加入姜丝爆香，放芹菜、木耳、胡萝卜丝翻炒，加适量盐调味炒匀即可。

白灼菜心

本品品质脆嫩，风味独特，营养丰富，助消化，可杀菌、降血脂。

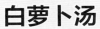 **材料**

菜心150克，红椒丝少许，蚝油少许。

做法

1.洗净的菜心切去老根、老叶部分，焯水约1分钟，捞出，沥干水，待用。

2.另起锅，加入少量清水烧开，放入少许蚝油煮沸，制成调味汁。

3.将调味汁浇在菜心上，再放上红椒丝做装饰即可。

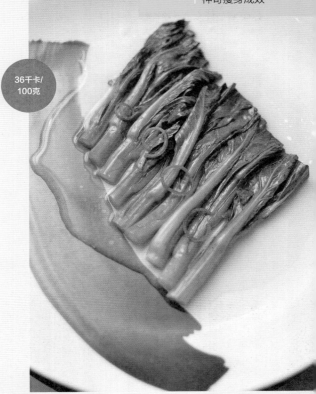

36千卡/100克

白萝卜汤

本品含丰富的维生素，防止皮肤老化，阻止色斑形成，促进消化，加快胃肠蠕动，消除便秘，起到排毒的作用。

 材料

白萝卜300克，葱花、姜丝各少许，盐、胡椒粉、食用油各适量。

做法

1.将洗净去皮的白萝卜切成丝，备用。

2.砂锅中加入适量清水和食用油烧开，倒入白萝卜丝，搅散，煮至食材熟透。

3.放入适量盐、胡椒粉，搅拌均匀，关火后盛出煮好的白萝卜汤，装入碗中，点缀上葱花、姜丝即可。

18千卡/100毫升

套餐二十八

餐　　单	白水蛋1个	圣女果黄瓜沙拉	西瓜芒果酸奶
热　　量	70千卡/个	30千卡/100克	34千卡/100毫升
建议食用量	2个	200克	100毫升

圣女果黄瓜沙拉

30千卡/100克

本品富含蛋白质、维生素、胡萝卜素等，有美白润肤、补血的功效。

 材料

圣女果150克，黄瓜100克，罗勒叶少许，橄榄油5毫升，盐、白醋各适量。

做法

1.圣女果清洗干净，切半。

2.黄瓜清洗干净，切成片状。

3.将上述食材装盘，加罗勒叶、橄榄油、盐、白醋，拌匀即可。

西瓜芒果酸奶

34千卡/
100毫升

本品含有蛋白质、维生素等营养成分，可助
消化、预防视力减退、促进肠蠕动。

 材料

西瓜200克，芒果100克，酸奶50克。

做法

1.西瓜取瓜肉切小块；芒果洗净，取果肉切
小块。

2.取出准备好的榨汁机，选择搅拌刀座组合，
倒入切好的水果，盖好盖子。

3.选择"榨汁"功能，榨出果汁。

4.断电后倒出果汁，装入杯中，再加入备好的
酸奶，点缀少许芒果果肉，冷藏后即可饮用。

套餐二十九

餐　　单	蒸芋头	鲜虾香芹彩椒沙拉	果汁牛奶
热　　量	60千卡/100克	102千卡/100克	79千卡/100毫升
建议食用量	100克	100克	100毫升

鲜虾香芹彩椒沙拉

102千卡/100克

本品具有增强免疫力、养血固精等功效。

 材料

鲜虾3只，香芹叶、菠菜各40克，葱、彩椒各15克，白醋、盐、橄榄油各适量。

做法

1.香芹叶、菠菜洗净备用；鲜虾清洗、去壳、去虾肠，焯水后备用。

2.彩椒洗净，切成丝；葱洗净，取葱白切成小段。

3.将上述食材放入碗中，加白醋、盐、橄榄油拌匀即可。

果汁牛奶

79千卡/
100毫升

本品含有多种维生素、有机酸及矿物质等营养成分，易消化吸收，可调节人体新陈代谢，帮助通便及降低胆固醇。

材料

芒果100克，纯牛奶100毫升，蜂蜜少许。

做法

1.芒果去皮取肉，切小块。

2.取榨汁机，倒入适量的芒果块，榨出果汁。

3.将榨好的果汁倒入杯中，加入适量的纯牛奶以及蜂蜜，搅拌均匀即可饮用。

套餐三十

餐　　单	藜麦饭团	芹菜胡萝卜鸡丝沙拉	芦笋绿豆浆
热　　量	362千卡/100克	53千卡/100克	20千卡/100毫升
建议食用量	50克	100克	200毫升

藜麦饭团

362千卡/100克

藜麦属于易消化食品，有淡淡的坚果清香，或人参香，可以增强机体功能，抑制三高、减肥塑身。

材料

藜麦100克，糯米50克，洋葱、花菇、葱末、盐、味精、食用油各适量。

做法

1.将藜麦和糯米分别泡10小时，再入锅蒸20分钟。

2.洋葱、花菇洗净，切丁。

3.锅里放少许油，放洋葱、花菇丁爆炒，倒入蒸好的饭，拌炒均匀。

4.放少许盐、味精，待稍凉后，捏成饭团，撒上葱末即可装盘。

芹菜胡萝卜鸡丝沙拉

53千卡/
100克

本品能增强免疫、养肝明目、健胃消食。

 材料

香干、胡萝卜各25克，芹菜200克，鸡胸肉50克，彩椒10克，橄榄油5毫升，盐、白醋各适量。

 做法

1.香干洗净，切成条；芹菜洗净，切段；胡萝卜、彩椒均洗净，切丝。

2.将香干条、芹菜段、胡萝卜丝、彩椒丝放入加盐的热水中，烫熟，捞起沥干装盘。

3.将鸡胸肉烫熟，放凉，撕成丝，加入盘中。

4.将橄榄油、醋调成料汁，淋在盘中，搅拌均匀即可。

芦笋绿豆浆

20千卡/
100毫升

本品营养丰富，风味独特，可调节机体代谢，提高身体免疫力。

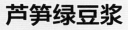 **材料**

芦笋20克，水发绿豆45克。

 做法

1.洗净的芦笋切小段，备用。

2.将水发绿豆倒入碗中，加入适量清水，用手搓洗干净，倒入滤网，沥干水分后倒入豆浆机中。

3.放入切好的芦笋，加入适量清水，选择"五谷"程序，再选择"开始"键，开始打浆。待豆浆机运转约15分钟后过滤，即成豆浆。

套餐三十一

餐　　单	白灼黄秋葵	笋菇菜心	干贝鱼汤
热　　量	60千卡/100克	72千卡/100克	121千卡/100毫升
建议食用量	100克	100克	100毫升

白灼黄秋葵

60千卡/100克

本品营养丰富，口感爽滑，有护胃养胃、强肾补虚之功效。

 材料

黄秋葵150克，橄榄油5毫升，盐适量。

 做法

1.将黄秋葵洗净，烧一锅开水，放入适量盐，将黄秋葵放进去。

2.水再次开后，煮上1~2分钟，捞出。

3.将焯过水的黄秋葵切成小段，装碟。

4.锅中放入适量橄榄油烧热后，用勺将热油淋在黄秋葵上即可。

72千卡/
100克

笋菇菜心

本品质嫩味鲜、清脆爽口，含有丰富的
蛋白质和多种氨基酸、纤维素，能促进
肠道蠕动，有助消化，预防便秘。

材料

去皮冬笋150克，菜心100克，水发香菇
100克，姜片、盐、食用油各少许。

做法

1.洗好的冬笋切段；水发香菇洗净去柄，
切块；沸水锅中加盐、食用油、菜心，煮
至断生，捞出；再分别将水发香菇、冬笋
焯至断生后，捞出，备用。

2.另用食用油起锅，倒入姜片爆香，倒入
水发香菇、冬笋，翻炒至熟。

3.放入清水、盐，翻炒入味，盛入装有菜
心的盘中即可。

干贝鱼汤

干贝含有蛋白质、糖类、维生素A等多
种营养元素。

121千卡/
100毫升

材料

干贝30克，生鱼150克，姜片、麻油、
盐各适量。

做法

1.将材料洗净，另将干贝用稍温的水泡发
10分钟。

2.麻油倒入锅内以大火烧热，放入姜片后
转小火爆至褐色，但不能焦黑。

3.加水，放入鱼肉、干贝用大火煮开，转
小火，加盖煮5分钟后熄火，加盐调味即
可享用。

套餐三十二

餐　　单	香烤南瓜	玉米沙拉	西兰花菠萝汁
热　　量	23千卡/100克	66千卡/100克	43千卡/100毫升
建议食用量	200克	200克	200毫升

香烤南瓜

23千卡/100克

本品可调整糖代谢、增强肌体免疫力，防止血管动脉硬化，具有防癌功效。

材料

南瓜200克，蒜少量，橄榄油、黑胡椒碎、盐各少许。

做法

1. 烤箱预热200℃，等待的同时，把南瓜去皮，切小块。

2. 烤盘刷橄榄油，铺上南瓜，蒜瓣连皮放进烤盘，均匀撒上盐和黑胡椒碎。

3. 将烤盘放入已经预热的烤箱，烤40分钟，即可装盘。

玉米沙拉

本品具有促进肠道蠕动、排毒通便、促进新陈代谢、美容、抗衰老等功效。

 材料

罐头玉米80克，红色彩椒30克，西芹50克，洋葱20克，橄榄油、盐、白醋各适量。

 做法

1.罐头玉米倒入漏勺沥干，彩椒洗净去籽后切成丁。

2.西芹洗净去掉叶子，切成丁；洋葱洗净切成同样大小的丁。

3.将备好的食材与少许橄榄油、盐、白醋放入碗中，拌匀即可。

66千卡/100克

西兰花菠萝汁

本品可以促进消化，对润滑肠胃很有益处。

 材料

西兰花140克，菠萝肉90克。

 做法

1.洗净的西兰花切小朵。

2.菠萝肉切条形，改切小块。

3.锅中注水烧开，放入切好的西兰花，用大火焯煮至断生，捞出过冷开水。

4.取榨汁机，放入西兰花和菠萝块，加纯净水榨成汁，过滤后倒入杯中即可。

43千卡/100毫升

套餐三十三

餐　　单	豆腐包菜	清炒油麦菜	玉米片红薯粥
热　　量	42千卡/100克	22千卡/100克	54千卡/100毫升
建议食用量	200克	200克	200毫升

豆腐包菜

42千卡/100克

本品热量低，具有促消化、预防便秘、减肥、提高人体免疫力、预防感冒、防衰老、抗氧化等功效。

材料

包菜100克，豆腐100克，葱、盐、食用油各适量。

做法

1.包菜切好用清水洗净，豆腐洗净切小块，葱切丝。

2.用食用油起锅，加葱丝爆炒，再加包菜翻炒一会，放豆腐块、盐，翻炒熟即可。

清炒油麦菜

本品含丰富维生素和矿物质，能增强机体免疫力，通肠利胃，促进皮肤细胞代谢，防止皮肤粗糙及色素沉着，延缓衰老。

22千卡/
100克

材料

油麦菜150克，蒜蓉少许，盐、食用油各适量。

做法

1.把油麦菜去根洗净，沥干水。

2.锅内倒入适量食用油，油温七分热时，下蒜蓉爆香，随后倒入油麦菜煸炒。

3.当菜的颜色变深，加入适量盐炒匀即可出锅。

玉米片红薯粥

本品富含膳食纤维、B族维生素、钾、镁等营养成分，能促进肠道蠕动，预防便秘及肥胖。

54千卡/
100毫升

材料

红薯100克，玉米片50克。

做法

1.去皮洗净的红薯切滚刀块，备用。

2.砂锅中加入适量清水烧热，倒入备好的玉米片。

3.烧开后用小火煮约30分钟，倒入红薯，用小火续煮约20分钟，至食材熟透。

4.揭盖，搅拌几下，盛入碗中即可。

套餐三十四

餐　　单	糙米牛蒡饭	草菇烩芦笋	紫菜鱼丸汤
热　　量	96千卡/100克	57千卡/100克	60千卡/100毫升
建议食用量	100克	100克	150毫升

糙米牛蒡饭

96千卡/
100克

本品含大量的膳食纤维，加速肠道蠕动，预防便秘和肠癌，还有消脂减肥的作用。

 材料

水发糙米60克，牛蒡50克，白醋少许。

做法

1.洗好去皮的牛蒡切成条，再切成丁。

2.锅中加入适量清水烧开，放入牛蒡丁，淋入少许白醋，搅匀，煮至断生，捞出，装盘待用。

3.砂锅中加入适量清水，用大火烧热，倒入泡发好的水发糙米，放入牛蒡丁拌匀。

4.盖上锅盖，大火煮开后转中火煮40分钟至熟，盛出即可。

草菇烩芦笋

本品富含多种氨基酸、蛋白质和维生素，
具有调节机体代谢、提高身体免疫力、降
血压、美容减肥、抗衰老等功效。

57千卡/
100克

材料

芦笋170克，草菇80克，胡萝卜片、姜片
各少许，盐、食用油各适量。

做法

1.洗好的草菇切片，洗净的芦笋切成段。

2.开水锅中放入1克盐、食用油、草菇，
煮约半分钟，倒入芦笋段，拌匀，续煮片
刻，捞出食材，待用。

3.用食用油起锅，放入胡萝卜片、姜片炒
片刻，倒入焯好的芦笋段，加盐炒匀调味
即可。

紫菜鱼丸汤

本品营养丰富，含有多种维生素，有活跃
脑神经、预防衰老和记忆力衰退的功效。

60千卡/
100毫升

材料

紫菜5克，鱼丸150克，番茄少量，盐、食
用油各适量。

做法

1.紫菜放入煎锅，用几滴油稍微焙香之
后，剪成小块备用。

2.取汤锅加入清水和鱼丸，大火煮开后，
改中火再煮10分钟，至鱼丸涨发起来。

3.加入紫菜块拌匀，重新煮开后，加入番
茄、食用油、盐进行调味，然后关火即可
出锅。

11

非轻断食日的三餐推荐

餐单一

早餐 鲜牛奶250毫升（135千卡）、提子面包1片（150千卡）、水煮蛋1个（70千卡）

午餐 五彩鳝丝150克（142千卡）、姜汁芥蓝200克（78千卡）、木瓜凤爪汤100毫升（161千卡）、糙米饭1碗（147千卡）

加餐 橙子1个（94千卡）、开心果30克（200千卡）

晚餐 香菇上海青200克（60千卡）、肉末豆角150克（127千卡）、馒头1个（113千卡）

提子面包

提子面包易于消化、吸收，食用方便。

312千卡/100克

材料

高筋面粉200克，低筋面粉90克，奶粉12克，酵母5克，鸡蛋60克，提子干、盐、糖各适量。

做法

1.将高筋面粉、低筋面粉、盐、糖、奶粉、酵母过筛混合，加入鸡蛋和水，搅拌、摔打至可以拉出薄膜后放在40℃左右的环境中发酵1小时左右。

2.把面团分割成适量大小，再发酵10分钟；整形，裹入泡过水的提子干，最后再发酵45分钟，放入已经预热10分钟的200℃烤箱，烤20分钟即可。

五彩鳝丝

鳝鱼肉嫩鲜美，营养丰富，不仅味美，
还具有滋补功能，可以防止便秘。

95千卡/
100克

材料

鳝鱼100克，茭白20克，青笋20克，彩
椒20克，葱姜蒜少许，盐、醋、食用油
各少许。

做法

1.将鳝鱼洗净切成丝，加少许醋拌一下，
茭白、青笋、彩椒洗净切成丝，葱姜蒜洗
净切成末。

2.将鳝鱼丝、青笋丝入热水锅中烫熟捞
出。锅上火加少许油，下葱、姜、蒜煸出
香味，放入鳝鱼丝、青笋丝、彩椒丝等食
材翻炒，用盐调味即可。

姜汁芥蓝

芥蓝含有大量膳食纤维，能加快食物消
化，防止便秘。

39千卡/
100克

材料

芥蓝150克，姜、盐和食用油各少许。

做法

1.将芥蓝摘好洗净，梗切斜片。

2.锅热下油，放姜爆香。

3.倒入芥蓝，炒至八成熟时，放盐，翻炒
后盛盘即可。

木瓜凤爪汤

木瓜中含有一种酵素，能消化蛋白质，有利于人体对食物进行消化和吸收。凤爪可以补充胶原蛋白。

161千卡/100毫升

材料

凤爪150克，木瓜50克，红枣少许，盐适量。

做法

1.先将凤爪洗净，去掉爪尖壳；红枣洗净，去核；木瓜洗净，带皮切块。

2.再将锅置火上，放水烧开，放入凤爪、木瓜块、红枣煮至凤爪熟烂，加盐调味即可。

香菇上海青

本品营养成分含量比较均衡全面，热量
较低，适宜减肥期间食用。

30千卡/
100克

 材料

上海青120克，香菇30克，盐和食用油
各少许。

做法

1.香菇用温水浸泡后，剪去根，洗净，沥
干水分。

2.用油起锅，放入香菇、上海青煸炒，加
少许盐，翻炒至熟即可。

肉末豆角

本品含丰富的B族维生素、维生素C和植物
蛋白质，可补充营养，调理消化系统。

85千卡/
100克

 材料

肉末120克，豆角230克，盐和食用油
各少许。

做法

1.豆角洗净切段。

2.锅中注水烧开，倒入豆角，煮至断生，
捞出。

3.用少许油起锅，放入肉末炒至熟，再放
入豆角炒匀。

4.放盐调味，盛出装盘即可。

餐单二

早餐 百合莲子粥200毫升（106千卡）、玉米发糕100克（165千卡）

午餐 清炒地瓜叶200克（136千卡）、丝瓜炒猪心200克（174千卡）、木耳腰花汤200毫升（140千卡）、黑米饭1碗（228千卡）

加餐 苹果1个（52千卡）

晚餐 玉米笋西芹沙拉200克（96千卡）、三丝汤面250克（170千卡）

百合莲子粥

本品富含黏液质及维生素，对皮肤细胞新陈代谢有益，有一定美容作用。

53千卡/
100毫升

材料

鲜百合50克，莲子30克，大米50克，枸杞少许。

做法

1.莲子去芯，百合去蒂，洗净。

2.在锅中放适量清水，加入莲子大火煮至水沸。

3.将大米放入锅中，将火调小，放入莲子与百合同煮，直至米花散开，放入枸杞，再焖10分钟左右即可。

清炒地瓜叶

68千卡/
100克

地瓜叶含丰富的膳食纤维，可促进肠胃
蠕动，预防便秘。

 材料

地瓜叶150克，盐和食用油各少许。

做法

1.将地瓜叶洗净沥干水。

2.炒锅置大火上，下油烧至八分热，放入地
瓜叶，翻炒几下，加适量盐拌炒至熟即可。

丝瓜炒猪心

87千卡/
100克

丝瓜中的维生素B₁可防止皮肤老化，维
生素C能保护皮肤组织、消除斑块。

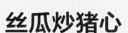 **材料**

丝瓜120克，猪心110克，胡萝卜片、姜
片、蒜末、葱段、盐和食用油各少许。

做法

1.丝瓜洗净去皮切块；猪心洗净切片，加
盐拌匀，腌渍10分钟。

2.锅注水烧开，倒入食用油、丝瓜煮约半
分钟，捞出，再倒入猪心，汆煮约半分
钟，捞出。

3.油爆胡萝卜片、姜片、蒜末、葱段，放
丝瓜、猪心炒匀，放盐炒入味即成。

70千卡/
100克

木耳腰花汤

本品能够促进肠道脂肪、食物的排泄，减少食物中脂肪的吸收，从而防止肥胖。

材料

木耳50克，猪腰150克，枸杞少许，姜适量，盐少许。

做法

1.猪腰一剖两片，片去腰臊，洗净切成兰花片，用清水浸泡一会儿。

2.木耳择洗干净备用。

3.腰花、木耳一起放入开水锅内，焯熟后捞出。

4.把焯好的食材放在汤碗中，加入水、枸杞、姜片炖至熟，加盐调味即成。

48千卡/
100克

玉米笋西芹沙拉

本品含有丰富的维生素、蛋白质、矿物质，营养含量丰富。

材料

玉米笋30克，紫叶生菜20克，西芹50克，洋葱30克，圣女果15克，盐、橄榄油和白醋各少许。

做法

1.玉米笋洗净，入沸水焯熟；紫叶生菜洗净控水；西芹洗净切段，焯熟；洋葱洗净切丝；圣女果洗净切半。

2.将上述食材装盘，将橄榄油和白醋淋入盘中，加少许盐拌匀即可。

三丝汤面

68千卡/
100克

本品具有抗衰老的作用，还能帮助减肥，具
有呵护肌肤、保养容颜的功效。

 材料

白萝卜100克，土豆1个，胡萝卜1根，面100
克，姜、葱、食用油和盐各适量。

做法

1.白萝卜、胡萝卜洗净切丝，土豆洗净去皮
切丝。

2.炒锅加入适量油，加入葱、姜爆香，加入白
萝卜、胡萝卜翻炒，加入适量水，大火烧开，
中火煮5分钟。

3.加入土豆丝和面煮5分钟，加入盐出锅即可。

119

餐单三

早餐 木瓜牛奶200毫升（126千卡）、杂粮面包2片（160千卡）、煮鸡蛋1个（70千卡）

午餐 西芹鲜鱿200克（124千卡）、西兰花炒香菇200克（122千卡）、菠菜豆腐汤200毫升（80千卡）、糙米饭1碗（147千卡）

加餐 西柚200克（66千卡）

晚餐 青菜鸡蛋面250克（262千卡）、无花果瘦肉汤200毫升（116千卡）

木瓜牛奶

本品具有美容护肤、防止衰老的功效。

63千卡/
100毫升

材料
木瓜肉140克，牛奶170毫升。

做法
1.木瓜肉切成小块。

2.取榨汁机，倒入木瓜块，加入牛奶，注入纯净水，盖好盖子。

3.选择"榨汁"键，榨取果汁。

4.断电以后倒出果汁，装入杯子中即成。

西芹鲜鱿

本品富含蛋白质、钙、牛磺酸等多种成
分，脂肪含量低，口感鲜嫩，营养丰富。

材料

西芹60克，红椒20克，鱿鱼80克，姜、蒜各
少许，盐、食用油、水淀粉、麻油各适量。

做法

1.鱿鱼去头和内脏，撕去外皮，洗净切花刀，
再切成小块，加水淀粉、麻油腌一会儿。

2.汤锅加水烧滚，放入鱿鱼焯一下，鱿鱼
打卷后，捞出沥干；西芹洗净去皮切片，
姜洗净切片，红椒洗净切成菱形。

3.炒锅加油烧热，放入姜、蒜炒香，再放入
西芹片炒出香味，将鱿鱼放回锅中，再加入
红椒，加盐调味，勾薄芡，淋入麻油即可。

62千卡/
100克

西兰花炒香菇

本品有助于骨骼和牙齿的发育。

材料

西兰花200克，香菇30克，姜片、水淀粉、
盐和食用油各少许

做法

1.将西兰花洗净择好；香菇洗净去柄，切
成块。

2.沸水锅中加入1克盐，放少许食用油，加
入西兰花，煮至断生，捞出装盘备用。

3.开水锅中将香菇焯至断生后捞出。

4.另用油起锅，倒入姜片，爆香，倒入西
兰花、香菇翻炒至熟。

5.放入清水、盐，翻炒至入味；用水淀粉勾
芡，盛入盘中即可。

61千卡/
100克

菠菜豆腐汤

40千卡/
100毫升

本品含有大量的植物性纤维，具有促进肠道
蠕动的作用。

材料

菠菜120克，豆腐200克，盐少许。

做法

1.洗好的菠菜切段，备用。

2.洗净的豆腐切条，再切成小方块，备用。

3.锅中注入适量清水烧开，倒入切好的豆腐，
拌匀，用大火煮2分钟。

4.倒入备好的菠菜，略煮片刻至其断生。

5.加入盐，拌匀，煮至入味，盛出煮好的汤料
即可。

青菜鸡蛋面

本品富含维生素，可增强记忆，防止记忆力衰退。

105千卡/100克

材料

面条100克，青菜150克，鸡蛋1个，盐和食用油各少许。

做法

1.将水煮沸后放入油、面条。

2.待水再次煮开后，打入鸡蛋，稍煮片刻加入青菜，最后加盐调味即可。

无花果瘦肉汤

本品能提供优质蛋白质和必需的脂肪酸，可改善缺铁性贫血，健胃清肠，消肿解毒。

58千卡/100毫升

材料

猪瘦肉100克，无花果、蜜枣、盐各适量。

做法

1.猪瘦肉切块焯水，装碗备用。

2.炖盅内加水烧开，将猪瘦肉与洗净的无花果、蜜枣放入炖盅内，隔水炖2小时即可。

3.煮好后装入碗中即可。

餐单四

早餐　葱油饼150克（388千卡）、丝瓜粥200毫升（76千卡）

午餐　清蒸桂花鱼200克（274千卡）、彩椒炒黄瓜200克（58千卡）、马蹄蔬菜汤200毫升（72千卡）、黑米饭1碗（228千卡）

加餐　菠萝200克（82千卡）

晚餐　青椒木耳炒蛋150克（135千卡）、丝瓜豆腐汤200毫升（74千卡）、馒头1个（113千卡）

葱油饼

本品具有增强免疫力、促进消化等功效。

259千卡/
100克

材料

普通面粉200克，沸水1/2杯，冷水1/2杯，白糖1.5大匙，盐、葱花、花生油各适量。

做法

1.葱花装碗，依次放入面粉、白糖和油，用筷子搅匀，倒入沸水，逐次加冷水，和成面，面和得软一些。面团抹点油，包上保鲜膜饧10分钟左右。

2.把醒好的面团揉得光滑些，分成两份，将面团擀成大饼，薄一点，抹上油，撒上适量盐。

3.把饼卷起来，轻压面团，从中间切开。把面团两头捏紧，再将面团压紧，擀成饼。

4.平底锅里放入油，中火把饼烙成两面金黄即可。

丝瓜粥

本品能防止皮肤老化、美白、消除斑块，使
皮肤细嫩，还有抗过敏、美容之效。

38千卡/
100毫升

材料

丝瓜100克，大米40克。

做法

1.将丝瓜洗净，切片；大米淘洗干净，
备用。

2.锅内加水适量，放入大米煮粥，八成熟
时加入丝瓜片，再煮至粥熟即成。

清蒸桂花鱼

本品含蛋白质、维生素、矿物质等营养元
素，肉质细嫩，极易消化，热量不高。

137千卡/
100克

材料

桂花鱼200克，姜末、盐、食用油、生
抽、白胡椒粉各适量。

做法

1.新鲜桂花鱼去掉内脏，洗净，用盐、白
胡椒粉涂匀鱼身，再用碎姜末铺匀鱼身。

2.把鱼连碟放进蒸锅里，隔水蒸13分钟，
倒掉碟里的水，往鱼身上均匀地薄薄地淋
上一层生抽。

3.另起油锅，把热油淋在鱼身上，当发出
"滋滋"声的时候，即可食用。

29千卡/
100克

彩椒炒黄瓜

本品含有丰富的维生素E，可起到延年益寿、抗衰老的作用。

材料

彩椒80克，黄瓜150克，姜片、蒜末、葱段、盐和食用油各少许。

做法

1.将洗净的彩椒切成块；黄瓜洗净去皮，切成小块。

2.用油起锅，放姜片、蒜末、葱段，爆香。

3.倒入切好的黄瓜、彩椒，炒香。

4.倒入少许清水，加入适量盐炒匀调味。

5.将炒好的食材盛出，装入盘中即可。

36千卡/
100毫升

马蹄蔬菜汤

本品能提高机体免疫功能，活跃人体新陈代谢，促进造血功能，消暑除烦。

材料

马蹄、南瓜各100克，番茄、大白菜各50克，盐、食用油各适量。

做法

1.番茄、大白菜洗净切小块；洗净去皮的南瓜切片；马蹄洗净切去蒂，再切片。

2.锅中加水烧开，放食用油、盐，倒入马蹄片、南瓜片、大白菜块、番茄块，拌匀。

3.盖上盖，用中火煮4分钟，至食材熟透，汤汁入味。关火后将煮好的汤料盛出即可。

青椒木耳炒蛋

本品味道鲜美，营养丰富，能益气强身，养血驻颜。

90千卡/100克

材料

木耳50克，鸡蛋2个，青椒1个，盐、食用油各适量。

做法

1.木耳泡发洗净，青椒洗净切斜片，鸡蛋打成鸡蛋液。

2.温油锅中放鸡蛋液煎至金黄，用铲子切成块，加食用油，放木耳、青椒片翻炒，加盐炒熟即可。

丝瓜豆腐汤

本品富含钙质和不饱和脂肪酸，可帮助身体补充足量的钙。

37千卡/100毫升

材料

豆腐150克，去皮丝瓜80克，姜丝少许，盐、食用油各适量。

做法

1.洗净的丝瓜切厚片。

2.洗好的豆腐切厚片，切粗条，改切成块。

3.沸水锅中倒入姜丝，放入豆腐块，倒入切好的丝瓜片，稍煮片刻至沸腾，加入盐、食用油，拌匀，煮约6分钟至熟透。

4.关火后，盛出煮好的汤，装入碗中即可食用。

餐单五

早餐　三色饭团150克（144千卡）、红豆牛奶西米露200毫升（170千卡）

午餐　芦笋金针菇200克（76千卡）、番茄炖牛肉200克（184千卡）、山药排骨汤200毫升（172千卡）、米饭1碗（100千卡）

加餐　火龙果200克（102千卡）

晚餐　芝麻莴笋200克（90千卡）、鱼丸芥菜汤200毫升（146千卡）、米饭1碗（100千卡）

三色饭团

本品具有强心、抗过敏、保护视力、增强免疫力等功效。

96千卡/100克

🥢 材料

菠菜45克，胡萝卜35克，冷米饭90克，熟蛋黄25克。

🍳 做法

1.熟蛋黄切碎，碾成末；洗净的胡萝卜切成粒。

2.锅中注水烧开，倒入洗净的菠菜，拌匀，煮至变软，捞出菠菜，沥干水分后，装入碗中待用。

3.沸水锅中放入胡萝卜，焯煮一会儿，捞出，将放凉的菠菜切开，待用。

4.取一碗，倒入米饭、菠菜、胡萝卜，放蛋黄，和匀至其有黏性，将拌好的米饭制成几个大小均匀的饭团，放入盘中，摆好即可。

红豆牛奶西米露

本品具有美容养颜、润肠通便的功效。

85千卡/
100毫升

材料

西米35克，红豆60克，牛奶90毫升，炼
奶少许。

做法

1.西米加入清水中，大火煮开，然后转小
火煮约30分钟，至西米色泽通透，关火揭
盖，冷却备用。

2.将牛奶装入碗中，再盛入煮好的西米，
冷藏待用。

3.另起锅，倒入红豆煮熟后捞出，与炼奶
搅拌均匀，制成红豆羹。

4.将适量的红豆羹加入牛奶西米中即可。

芦笋金针菇

芦笋有鲜美芳香的风味，膳食纤维柔软
可口，能增进食欲，帮助消化。

38千卡/
100克

材料

芦笋100克，金针菇100克，姜片、蒜末、
葱段、盐、水淀粉和食用油各少许。

做法

1.洗净的金针菇切去根部，洗净去皮的芦
笋用斜刀切成段。锅中注水烧开，倒入芦
笋段焯煮至断生，捞出。

2.用油起锅，放姜片、蒜末、葱段，用大
火爆香；倒金针菇、芦笋段，翻炒片刻。

3.转小火，加盐，炒匀调味；加入水淀
粉，快速翻炒均匀即可。

92千卡/
100克

番茄炖牛肉

本品味道鲜美，富含蛋白质、氨基酸，脂肪含量低，能提高机体抗病能力，强筋壮骨。

材料

瘦牛肉100克，番茄50克，葱、姜各少许，番茄酱、糖、盐、料酒、食用油各适量。

做法

1.将瘦牛肉洗净切块，放入锅中，在锅中放入葱段、姜片、少许料酒，加入适量水，上火炖20分钟，将汤水倒出放好，备做牛肉汤用。

2.用食用油、葱爆锅，放入番茄块、番茄酱、少许糖，一起翻炒。

3.酱汁炒好之后，放入瘦牛肉块翻炒，然后倒入牛肉汤，炖煮30分钟后，放入盐，调味之后就可出锅了。

86千卡/
100毫升

山药排骨汤

本品可增强体力，强健筋骨，改善贫血，增强免疫功能，经常食用，有减肥的作用。

材料

排骨150克，山药50克，葱、姜各少许，黄酒、盐各适量。

做法

1.山药洗净，去皮切块，入锅蒸2分钟。

2.排骨洗净放入砂锅中，加满水，大火煮开，撇去浮沫。

3.放姜片、葱结，加黄酒，转小火。

4.煨1小时，拣去葱结，放山药，开中火沸腾后再转小火。

5.半小时后加适量盐，继续煨半小时至山药、排骨酥烂即可。

芝麻莴笋

常吃莴笋对保护牙齿有帮助，还有安神
催眠的作用。

45千卡/
100克

材料

莴笋200克，白芝麻5克，蒜末、葱白各少
许，盐和食用油各少许。

做法

1.去皮洗净的莴笋切成片。

2.烧热炒锅，倒入白芝麻，改用小火，炒
出香味，盛出，备用。

3.锅中注水烧开，放盐、莴笋，拌匀，焯
煮1分30秒至其断生，捞出，备用。

4.油爆蒜末、葱白，爆香，倒入莴笋，加
盐，炒匀，盛出装盘，撒上白芝麻即可。

鱼丸芥菜汤

本品含有蛋白质、氨基酸、维生素和微
量元素等，鲜美滑嫩，可增强机体免疫
功能，益智健体。

73千卡/
100毫升

材料

芥菜200克，新鲜鱼丸150克，高汤、盐
各适量。

做法

1.将芥菜洗净切段。

2.放高汤入锅，煮开后倒入鱼丸、芥菜。

3.小火煮2分钟后，加少量盐调味即可。

131

餐单六

早餐	煮玉米1根（102千卡）、煮鸡蛋1个（70千卡）、综合蔬果汁200毫升（116千卡）
午餐	马齿苋炒黄豆芽200克（72千卡）、山药乌鸡汤300毫升（198千卡）、五彩鲈鱼丁300克（300千卡）、米饭1碗（100千卡）
加餐	橘子1个（60千卡）
晚餐	豉油菜心200克（64千卡）、鲜百合炒鸡胸肉200克（180千卡）、馒头1个（113千卡）

综合蔬果汁

本品可加快肠道蠕动，促进排便。

58千卡/
100毫升

 材料

苹果肉130克，胡萝卜100克，橙子肉65克。

 **做法**

1.将胡萝卜洗净切块，橙子肉切块，苹果肉切丁。

2.取出备好的榨汁机，先倒入部分切好的食材，选择第一档，榨取30秒左右。

3.再分两次倒入余下的食材，以同样的方式榨取蔬果汁。

4.将蔬果汁过滤倒入杯中即可食用，冷藏后口味更佳。

马齿苋炒黄豆芽

本品能增强机体免疫力，淡化面部雀斑。

36千卡/
100克

材料

马齿苋100克，黄豆芽100克，彩椒50
克，盐和食用油各适量。

做法

1.洗净的彩椒切成条，备用。

2.锅中注水烧开，放食用油，倒入洗净的
黄豆芽、彩椒，煮半分钟，至其断生，捞
出焯煮好的黄豆芽和彩椒，沥干水分。

3.用油起锅，倒入马齿苋，放黄豆芽、彩
椒，翻炒片刻。

4.加盐，炒匀调味，盛出炒好的食材即可。

山药乌鸡汤

本品口感细嫩，营养丰富，可滋补养身，
提高生理机能，延缓衰老，强筋健骨。

66千卡/
100毫升

材料

乌鸡250克，山药50克，红枣2枚，姜
片、盐、鸡蛋清各适量。

做法

1.乌鸡洗净剁块，装碗备用。

2.山药去皮，切滚刀块，泡在水中备用。

3.乌鸡块用开水焯一下，冲净血沫后放入
已加入清水的砂锅中，加姜片、红枣、山
药、盐，大火烧开后改小火煲1小时。

4.汤快煮好时放入鸡蛋清，煮好后装入碗
中即可。

五彩鲈鱼丁

100千卡/
100克

本品富含蛋白质、糖类、维生素等物质。

 材料

鲈鱼肉120克，豌豆20克，豆腐30克，彩椒20克，姜葱末、盐、食用油、淀粉、料酒、香油各适量。

 做法

1.鲈鱼肉洗净切1厘米方丁，加盐、料酒腌制入味；彩椒洗净切丁；豌豆洗净；豆腐切块。

2.小碗中加少许清水、盐、淀粉对好汁。

3.锅内烧水，加豌豆、彩椒丁烫熟，再加豆腐块稍烫，最后把鱼肉焯水，捞起待用。

4.锅内食用油烧热，用葱姜末炝锅，加鱼肉及其他配料稍炒，倒入汁液，淋香油出锅即可。

豉油菜心

本品可刺激肠胃蠕动，起到润肠、助消化的作用。

材料

菜心120克，蒸鱼豉油少许，蒜末、红椒圈各少许，盐和食用油各少许。

做法

1.菜心用清水洗净，装入碗中，备用。

2.锅中注水烧开，加入少许食用油，拌匀，放入适量盐，倒入洗净的菜心，用大火煮至变软，捞出，沥干水分，待用。

3.用油起锅，倒入蒜末、红椒圈，爆香，倒入焯过水的菜心，炒匀，放入蒸鱼豉油，炒匀即可。

32千卡/100克

鲜百合炒鸡胸肉

鸡胸肉蛋白质含量较高，且易被人体吸收。脂肪含量较低，适合减肥人士食用。

材料

鸡胸肉100克，百合20克，青椒、红椒各50克，姜片、高汤、盐、食用油、胡椒粉各适量。

做法

1.鸡胸肉洗净切片，用盐、胡椒粉腌制；青椒、红椒洗净切丝。

2.热油锅中放鸡胸肉，快速过油，放青椒丝与红椒丝，大火快炒后立刻起锅。

3.另在锅中倒食用油，姜片爆香。放百合拌炒，加高汤，放鸡胸肉炒匀即可。

90千卡/100克

135

餐单七

早餐 　绿豆黑豆浆200毫升（84千卡）、肉包2个（160千卡）

午餐 　紫甘蓝拌茭白300克（114千卡）、三色鱼丸300克（294千卡）、红豆饭1
碗（110千卡）

加餐 　草莓200克（60千卡）

晚餐 　凉拌芹菜叶300克（105千卡）、清炖牛肉200克（232千卡）、馒头1个
（113千卡）

绿豆黑豆浆

本品能清热解毒，增进食欲。

**42千卡/
100毫升**

🥛 材料

水发绿豆50克，水发黑豆45克。

🥄 做法

1.将浸泡好的绿豆、黑豆倒入碗中，注入
适量清水，搓洗干净。

2.将洗净的食材倒入滤网中，沥干水分，
备用。

3.沥干水的绿豆和黑豆倒入豆浆机中，注
水至水位线，盖上豆浆机机头，选择"五
谷"程序，开始打豆浆。

4.待豆浆机运转约15分钟后，断电，取下
机头；豆浆倒入滤网中，过滤豆浆。

5.将过滤好的豆浆倒入碗中，待微凉后即
可饮用。

紫甘蓝拌茭白

38千卡/
100克

本品具有强身健体的作用，能够提高机体免疫力，
经常食用能够增强人的活力，使人精力充沛。

材料

紫甘蓝150克，茭白200克，彩椒50克，蒜末少
许，盐、食用油、芝麻油各适量。

做法

1.洗净去皮的茭白切成丝，洗好的彩椒、紫甘蓝切
成丝。锅中注水烧开，加食用油。

2.放入茭白，煮半分钟至五成熟。

3.加紫甘蓝、彩椒，拌匀，再煮半分钟至断生。

4.把焯煮好的食材捞出，装入碗中，放入蒜末。

5.加入适量盐、芝麻油，搅匀；将拌好的食材盛
出，装入盘中即可。

98千卡/100克

三色鱼丸

本品嫩而不腻，有抗衰老、养颜的功效。

 材料

鲩鱼100克，西芹20克，胡萝卜、彩椒各10克，鸡蛋清、盐、淀粉、食用油、猪肉汤、麻油各适量。

做法

1.将鲩鱼起肉，去刺，剁成鱼泥，分3次加鸡蛋清、盐、淀粉和适量猪肉汤，顺一个方向搅匀；将鱼肉泥挤成鱼丸子，逐个放入80℃的水锅中，大火焯熟、捞出；将胡萝卜、彩椒、西芹洗净切斜片。

2.用油起锅，放入胡萝卜片、彩椒片、西芹片，略炒，添入剩余猪肉汤，胡萝卜熟后，下入鱼丸子，淋上麻油即成。

35千卡/100克

凉拌芹菜叶

本品促进胃液分泌，增加食欲。

 材料

芹菜叶100克，彩椒15克，白芝麻5克，盐、陈醋、食用油各少许。

 做法

1.洗净的彩椒切成粗丝；炒锅置火上，倒入白芝麻，用小火翻炒片刻，盛出。

2.另起锅，注水烧开，加食用油、盐，放芹菜叶，煮约半分钟，至食材断生后捞出。

3.倒彩椒丝，拌匀，煮至食材熟软后捞出；将芹菜叶装入碗中，倒入彩椒丝，加调料，搅拌至食材入味；盛出拌好的食材，撒上白芝麻即成。

清炖牛肉

116千卡/
100克

牛肉含有丰富的蛋白质、氨基酸及维生素
B₆，能提高机体免疫力。

 材料

牛肉100克，葱段、姜块、盐各适量。

做法

1.牛肉切块焯水并冲洗干净，装碗备用。

2.将牛肉放入砂锅中，加冷水至没过牛肉，放
入葱段和姜块，大火烧开，炖1小时。

3.揭开盖，加入适量盐，盖上盖，再转小火炖
30分钟即可。

4.煮好后装入碗中即可。

Part 4

女性轻断食常见问题解答

For Women With
Light Fasting FAQ

阅读到这里，

你或许对轻断食了解了许多，

同时也疑惑重重。

本章将女性轻断食的常见疑问归纳集中，

并给出专业的解答，

帮助大家排忧解惑，

做个明明白白的轻断食者。

疑惑解答

Q——生理期可以进行轻断食吗？

A：轻断食的饮食是以营养全面、均衡合理为主要原则，其具体实施只是要求在1周里选取2天时间来控制热量的摄取（女性不超过500千卡），其余5天则正常进食。同时还要确保轻断食的那2天里，断食者对蛋白质、脂肪、维生素、糖类等都要适量摄取。对于女性朋友，还有重要的一点是，在挑选2天轻断食的时间时，要根据自己的经期规律，有意识地错开经期的前3天时间，其他时间都可以轻断食，这样不会对月经周期造成不良影响。

Q——想要怀孕的人可以轻断食吗？

A：准备怀孕的人千万不要轻断食。虽然目前的临床实验不足以评估短暂断食对生育能力的影响，但依常理备孕期需要补充营养的道理来看，想要怀孕就不能断食。除此之外，有孕在身的人也不要断食；儿童也绝对禁止断食，他们仍然处在发育期，不应该承受任何形式的营养限制。同样的，如果你本身有健康问题，请向你的主治医生咨询，就如同你要采取任何减肥计划前必须咨询医生一样。

"Q&A"

Q——轻断食后发现生理期紊乱怎么办?

A: 月经是由女性排卵引起的,初潮之时,卵巢发育还不成熟,控制卵巢的内分泌系统不够完善,这就使月经不能形成规律,没有准确的周期性,也许一年半载不见生理期,这属于正常情况。如果轻断食后出现生理期紊乱,这就要引起重视了,多半是轻断食期间食谱安排不合理,身体所需的营养摄取不足所引起的。此时,最保险的做法是结束轻断食,加强营养。如果经过一段时间的调整,生理期恢复正常后还想继续轻断食,可依据之前的饮食结构,重新设置轻断食期间的食谱,保证营养均衡,重新开始轻断食。

Q——断食日摄入的热量越少越好吗?

A: 轻断食日摄入的热量当然不是越少越好,相反,摄入的热量过少可能还会带来健康隐患。部分女性急功近利,觉得只要自己摄入的热量越少,体重就减得越快。结果不但没有达到预期的减肥效果,还造成了身体伤害。事实证明,如果摄入的热量过低会大幅度降低基础代谢率,长时间超低热量进食会导致基础体温下降,出现手脚冰凉怕冷、脱发、水肿等问题。同时,如果体重下降太快身体会自动调节阻止体重下降,减肥越快越容易反弹就是这个道理。因此,断食日女性摄入的热量一定要接近500千卡,不能超过太多,也不能低于太多,这都是不科学的断食方法。

Q——体重减到一定程度不再继续下降怎么办？

A：一般来说，轻断食大概5个月之后，减肥的速度会变得越来越慢。因为身体的机能已经适应了目前的体重及减少的食量，新陈代谢率也随之降低了。另一个很重要的原因是，也许你不再像最初那样谨慎地实行轻断食或者大量运动了。此时，你应该回过头来检视一下，看看自己现在是否吃太多了或喝太多酒了，有没有仔细计算轻断食日所摄取的热量，有没有做到建议的运动量。只要你严格坚持刚开始那样轻断食的原则，你会发现体重又会继续有所下降的。

Q——忍不住想吃东西怎么办？

A：本书宣传的是轻断食，它的主旨是希望断食者自愿适当地限制饮食。如果确实饥饿难耐或者非常想吃东西，适当满足一下自己也没有关系。轻断食的目标是为身体开创出一个没有食物的喘息空间。将热量摄取的限制放宽到520千卡也影响不大，关键是自己能够适应，要不然也毁了断食日。确实，在断食日将热量的摄取缩减到平常的1/4，只是经临床证实可以改善代谢率的做法。虽然500千卡本身没有特别的魔力，但是请努力做到这个热量限制值。

"Q&A"

Q——两餐之间间隔多长时间比较好?

A: 轻断食主张的是在断食日只进食早餐和晚餐,并且全天摄入热量必须限制在500千卡以内。至于两餐之间的间隔时间以11~12小时为宜,因晚餐后大多没有额外活动,紧接着就是就寝入睡了,而白天多有工作需求,热量输出较多,所以白天时间间隔可短一些,晚上时间间隔可长一些。不管间隔时间或长或短,只有你真正做到了,才能得到更好的效果。因此,拟定适合你的进食时间表即可。例如,有些断食者喜欢一口气吃完500千卡,其余时间完全不碰食物,他们觉得这样省事又简单。不论你选择如何进食,都必须有你的规划。但你得在不违反大原则的前提下,试验最适合你的做法。

Q——我会减轻多少体重?

A: 个人能减轻多少体重主要依每个人的新陈代谢、个人体质,开始断食时的体重,日常的活动量,断食的效率以及你是否按要求坚持执行断食。

一般第一周减轻的体重主要是体内水分。按照简单的生热学理论,即摄取的热量低于消耗的热量时,体重就会下降。只要断食者每周摄取的热量不足以供应消耗,一段时间后,体重就会下降。虽然理论如此,但大家千万不要操之过急,减得太急促,否则会影响身心健康。根据众多轻断食减肥者的经验来看,坚持8周时间大概可以减少约3千克。

Q——轻断食期间出现头痛怎么办？

A：在轻断食严格限制热量的那2天，有些人可能会有头晕、头痛的感觉，这多与水分和盐分摄入量不足，导致脑脊液分泌不足有关。如果你碰到这种情况，首先请一定要补充大量水分，建议多吃蔬菜、水果、乳制品和蛋白质食物，以补充足够的电解质。其次将饮食量采用慢慢递减的方式进行逐步过渡，切忌不要突然骤减饮食量。最后，这种情况大家不用有心理负担，当身体逐渐习惯轻断食之后，头晕、头痛就会有所好转了。

Q——我已经很苗条了，还能轻断食吗？

A：如果你已经拥有正常范围内的满意体重，也仍然可以轻断食，就如前文所说，轻断食的目的不仅仅是为了减肥，它还有着更多的健康意义。对于足够苗条的人，轻断食期间可以根据自身情况作出适宜调整，一段时间后，你便能找出怎样平衡断食日与进食日的饮食了，从而让体重维持在健康的范围内。比如，你可以试着每8~10天断食1天，而不是1周2天。需要注意的是，如果你已经非常消瘦，或者是有食欲失调的困扰，都不宜进行任何形式的断食。

附录
常见食物热量表

五谷类

食品名称	单位	热量	食品名称	单位	热量	食品名称	单位	热量
大麦	100克	354千卡	花卷	100克	217千卡	家乐氏杂锦果麦	100克	383千卡
小米	100克	358千卡	即食脆香米	100克	396千卡	提子包	100克	274千卡
小麦	100克	352千卡	鸡蛋面包	100克	287千卡	甜面包	1个(60克)	210千卡
小麦餐包	100克	273千卡	金黄粟米	100克	365千卡	椰丝面包圈	100克	320千卡
牛奶麦片	100克	67千卡	法式面包	100克	277千卡	黑麦	100克	335千卡
牛油面包	100克	329千卡	油条	100克	386千卡	黑麦面包	100克	259千卡
玉米罐头	100克	60千卡	荞麦	100克	343千卡	裸麦粗面包	100克	250千卡
白方包	100克	290千卡	桂格燕麦方脆	100克	386千卡	鲜玉米	100克	106千卡
白饭	100克	130千卡	高粱	100克	339千卡	馒头	100克	231千卡
白面包	100克	267千卡	高粱米	100克	351千卡	燕麦	100克	389千卡
白糯米饭	100克	97千卡	家乐氏卜卜米	100克	377千卡	燕麦片	100克	367千卡
西米	100克	358千卡	家乐氏玉米片	100克	365千卡	薏米	100克	357千卡
全麦面包	100克	305千卡	家乐氏可可片	100克	388千卡	糙米饭	100克	111千卡
多种谷物面包	100克	250千卡	家乐氏全麦维	100克	264千卡			
麦方包	100克	270千卡	家乐氏香甜玉米片	100克	383千卡			

蔬菜类

食品名称	单位	热量	食品名称	单位	热量	食品名称	单位	热量
大芥菜	100克	47千卡	芋头	100克	94千卡	荷兰豆	100克	32千卡
大蒜	100克	40千卡	番茄	100克	14千卡	海带	100克	36千卡
马蹄	100克	68千卡	西芹	100克	5千卡	空心菜	100克	20千卡
水煮甘荀	1条(72克)	31千卡	胡萝卜	100克	60千卡	菜心	100克	20千卡
水煮白菜	1碗(170克)	20千卡	芽菜	100克	20千卡	菠菜	100克	19千卡
水煮西兰花	1碗(156克)	44千卡	苋菜	100克	40千卡	葱	100克	47千卡
水煮青豆	1碗(196克)	231千卡	豆苗	100克	40千卡	熟红豆	1碗(256克)	208千卡
水煮椰菜	1碗(150克)	32千卡	黄瓜	100克	12千卡	熟豆腐	1块(112克)	85千卡
水煮红薯	1个(151克)	160千卡	青萝卜(熟)	100克	23千卡	熟豆腐泡	6个(100克)	316千卡
生菜	1碗(56克)	10千卡	青椒	100克	14千卡	熟眉豆	1碗(171克)	198千卡
白萝卜(熟)	100克	20千卡	苦瓜	100克	12千卡	熟黄豆	1碗(172克)	298千卡
白菜	100克	17千卡	茄子	100克	26千卡	芦笋	100克	15千卡
冬瓜	100克	40千卡	洋葱	100克	35千卡			
丝瓜	100克	17千卡	莲藕	100克	52千卡			

水果类

食品名称	单位	热量	食品名称	单位	热量	食品名称	单位	热量
干枣	100克	287千卡	牛油果	100克	161千卡	樱桃	100克	46千卡
大树菠萝	100克	94千卡	石榴	100克	63千卡	杏	100克	48千卡
山楂	100克	95千卡	桂圆干	100克	286千卡	杏脯干	100克	238千卡
无花果	100克	74千卡	芒果	100克	65千卡	李子	100克	55千卡
无花果干	100克	255千卡	西瓜	100克	25千卡	杨桃	100克	29千卡
无核葡萄干	100克	300千卡	西梅干	100克	239千卡	杨梅	100克	28千卡
木瓜	100克	39千卡	橙子	100克	47千卡	青柠	100克	30千卡

续表

水果类								
食品名称	单位	热量	食品名称	单位	热量	食品名称	单位	热量
苹果	100克	52千卡	香蕉	100克	92千卡	蓝莓	100克	56千卡
枇杷	100克	39千卡	桃	100克	43千卡	榴梿	100克	147千卡
猕猴桃	100克	61千卡	糖水桃罐头	100克	58千卡	龙眼	100克	70千卡
金橘	100克	63千卡	海棠果	100克	73千卡	鲜枣	100克	122千卡
油柑子	100克	38千卡	接骨木果	100克	73千卡	鲜荔枝	100克	70千卡
草莓	100克	30千卡	黄皮	100克	31千卡	蜜枣	100克	321千卡
荔枝	100克	66千卡	菠萝	100克	41千卡	蜜饯杏脯	100克	329千卡
柑	100克	51千卡	雪梨	100克	73千卡	蜜柑	100克	44千卡
柚子	100克	41千卡	梨	100克	32千卡	橄榄	100克	49千卡
柿子	100克	71千卡	葡萄	100克	43千卡	醋栗	100克	44千卡
柿饼	100克	250千卡	葡萄干	100克	341千卡	覆盆子	100克	49千卡
柠檬（连皮）	100克	20千卡	黑莓	100克	52千卡			
哈密瓜	100克	34千卡	番石榴	100克	41千卡			

调料类								
食品名称	单位	热量	食品名称	单位	热量	食品名称	单位	热量
人造牛油	1汤匙(14克)	100千卡	豆瓣酱	100克	178千卡	海鲜酱	100克	220千卡
五香豆豉	100克	244千卡	沙拉酱	1汤匙(15克)	60千卡	梅子酱	100克	184千卡
牛油	15克	100千卡	果酱	2平茶匙(15克)	39千卡	麻油	100克	898千卡
方糖	2粒	27千卡	咖喱粉	15克	5千卡	黑椒粉	15克	5千卡
生抽	15毫升	10千卡	鱼肝油	15毫升	126千卡	番茄酱	100克	104千卡
芝麻酱	100克	618千卡	鱼露	100克	35千卡	辣椒油	100克	900千卡
红辣椒粉	15克	10千卡	砂糖	1平茶匙(5克)	20千卡	番石榴酱	100克	36千卡
花生油	1汤匙(14克)	125千卡	盐	100克	0千卡	蜜糖	2平茶匙(15克)	43千卡
花生酱	2平茶匙(15克)	93千卡	粟米油	1汤匙(14克)	125千卡	橄榄油	15毫升	120千卡
芥花籽油	1汤匙(14克)	125千卡	蚝油	100毫升	51千卡			

奶类								
食品名称	单位	热量	食品名称	单位	热量	食品名称	单位	热量
香草奶昔	1杯(283毫升)	314千卡	全脂朱古力奶	240毫升	205千卡	炼奶	6茶匙(38克)	123千卡
朱古力奶昔	1杯(283毫升)	360千卡	全脂淡奶	6茶匙(32克)	42千卡	脱脂牛奶	240毫升	91千卡
全脂牛奶	240毫升	150千卡	低脂牛奶	240毫升	121千卡			

饮料类								
食品名称	单位	热量	食品名称	单位	热量	食品名称	单位	热量
无糖乌龙茶	250毫升	0千卡	泡沫绿茶	300毫升	110千卡	葡萄适	1小樽(275毫升)	198千卡
无糖麦茶	250毫升	0千卡	健怡可乐	350毫升	3.5千卡	黑咖啡	240毫升	2千卡
可口可乐	355毫升	150千卡	益力多	1瓶(100毫升)	70千卡	鲜榨苹果汁	250毫升	142千卡
百事可乐	350毫升	161千卡	菊花茶	250毫升	90千卡	鲜榨提子汁	250毫升	141千卡
冰红茶	300毫升	120千卡	雪碧	350毫升	147千卡	鲜榨橙汁	460毫升	212千卡
好立克	2满茶匙(15毫升)	59千卡	甜豆浆	250毫升	120千卡	番茄汁	190毫升	35千卡
阿华田	2满茶匙(7毫升)	26千卡	清茶	240毫升	2千卡	蔬菜汁	190毫升	35千卡
纯橙汁	1杯(240毫升)	114千卡	维他奶	1盒(250毫升)	120千卡			

坚果类

食品名称	单位	热量	食品名称	单位	热量	食品名称	单位	热量
开心果	50克	653千卡	松子仁	100克	686千卡	腰果	15粒(30克)	160千卡
瓜子	100克	564千卡	炸蚕豆	100克	420千卡	蜜糖腰果	100克	680千卡
花生	40粒(30克)	170千卡	核桃	7粒(30克)	160千卡			
杏仁	30粒(30克)	170千卡	焗栗子	3粒(28克)	98千卡			

糖果类

食品名称	单位	热量	食品名称	单位	热量	食品名称	单位	热量
牛油糖	5颗	105千卡	特选牛乳糖	1颗	19千卡	瑞士糖	1颗	22千卡
果汁糖	5颗(28克)	265千卡	棉花糖	5粒	80千卡			

巧克力类

食品名称	单位	热量	食品名称	单位	热量	食品名称	单位	热量
Kinder出奇蛋	1只	110千卡	三角朱古力	50克	250千卡	明治杏仁夹心朱古力	1包	462千卡
M&M花生朱古力	1包	815千卡	巧克力	50克	225千卡	明治黑朱古力	1包	260千卡
Pocky巧克力棒	1包	557千卡	吉百利旋转丝滑牛奶巧克力	1包	230千卡	金莎	1粒	80千卡
Twix巧克力	1包	287千卡	吉百利双层巴士牛奶巧克力棒	1包	230千卡	夏威夷果仁朱古力	60克	347千卡

饼干类

食品名称	单位	热量	食品名称	单位	热量	食品名称	单位	热量
Collon朱古力忌廉卷	1盒	516千卡	百力滋	1包(25克)	190千卡	黑芝麻大豆纤维曲奇	8块(100克)	527千卡
EDO天然营养麦饼	14块(100克)	508千卡	百荣胚芽高纤饼	15块(100克)	491千卡	愉快动物饼(紫菜味)	30克	155千卡
Fancl House减肥饼	16块(100克)	510千卡	全麦营养饼	12块(100克)	537千卡	蓝罐曲奇	13块(100克)	525千卡
大可香脆酥	12块(100克)	496千卡	克力架	5块	160千卡	嘉顿麦胚梳打饼	14块(100克)	477千卡
四洲高纤全麦饼	16块(100克)	409千卡	时兴隆高纤全麦饼	13块(100克)	493千卡	熊仔饼	1盒	334千卡

雪糕类

食品名称	单位	热量	食品名称	单位	热量	食品名称	单位	热量
巧克力雪糕	100克	216千卡	牛奶雪糕	100克	126千卡	甜筒	1个	231千卡
炭烧咖啡雪条	1条	147千卡	雪糕杯	1杯	163千卡	鲜果或果汁雪条	100克	86千卡
香草雪糕	1杯(133克)	269千卡	雪糕砖	100克	153千卡			
菠萝椰子冰	100克	113千卡	雪糕糯米糍	1粒	70千卡			

零食类

食品名称	单位	热量	食品名称	单位	热量	食品名称	单位	热量
日式豆沙馅糯米	1个	142千卡	豆干块	60克	150千卡	猪肉干	1块	95千卡
牛丸	1串	80千卡	低脂乳酪	1杯	80千卡	蛋糕片	60克	230千卡
仙贝	1小包	35千卡	鸡蛋仔	250克	300千卡	葡挞	1个	320千卡
芋头片	95克	504千卡	纯味乳酪	1杯	160千卡	椰丝	半杯(25克)	150千卡
芝士圈	1小包(25克)	170千卡	咖喱牛肉干	1块	162千卡	粟米片	100克	377千卡
芝士蛋糕	1件	300千卡	鱼蛋	1串	100千卡	粟米粒	1杯	120千卡
华夫芝士	1块	63千卡	油角	1个	130千卡	紫菜	100克	335千卡
红豆大福	1个	113千卡	草饼	1个	110千卡	鱿鱼片	80克	259千卡
红豆沙	1碗	180千卡	栗茸饼	1个	155千卡	鱿鱼丝	80克	230千卡
花生米	100克	560千卡	臭豆腐	1块	370千卡	碗仔翅	1碗	240千卡

续表

零食类

食品名称	单位	热量	食品名称	单位	热量	食品名称	单位	热量
辣味紫菜	1包（7克）	25千卡	鳕鱼丝	50克	250千卡	沙琪玛	100克	506千卡
薯片	1包（25克）	130千卡	爆谷	1包（114克）	390千卡			

酒类

食品名称	单位	热量	食品名称	单位	热量	食品名称	单位	热量
中国白酒（38°）	100毫升	222千卡	血腥玛莉	1份	123千卡	啤酒	1罐	106千卡
中国白酒（52°）	100毫升	311千卡	江米酒	100毫升	91千卡	朝日生酒	350毫升	144千卡
长岛冰茶	1份	275千卡	红葡萄酒	100毫升	72千卡	麒麟啤酒	350毫升	151千卡
白葡萄酒	100毫升	68千卡	青岛啤酒（4.3%）	100毫升	38千卡	罐装柠檬威士忌鸡尾酒	100毫升	119千卡
百威啤酒	335毫升	142千卡	威士忌	1份	70千卡	罐装夏威夷风情鸡尾酒	100毫升	237千卡
伏特加	1份	100千卡	梅酒(连梅)	1份	71千卡			

常见早餐

食品名称	单位	热量	食品名称	单位	热量	食品名称	单位	热量
小笼包（小的）	5个	200千卡	豆沙包	1个	215千卡	蛋饼	1份	255千卡
叉烧包	1个	160千卡	菜包	1个	200千卡	煎蛋	1个	105千卡
三鲜水饺	10个	420千卡	脱脂奶	250毫升	88千卡	鲜奶	250毫升	163千卡
玉米	1根	107千卡	猪肉水饺	1个	40千卡			
肉包	1个	250千卡	鸡蛋	1个	75千卡			

常见午餐

食品名称	单位	热量	食品名称	单位	热量	食品名称	单位	热量
上海客饭	1客	500千卡	炒花枝	1盘	155千卡	清蒸鳕鱼	1盘	360千卡
中式汤面	1碗	450千卡	虾仁炒饭	1份	550千卡	蛋花汤	1碗	70千卡
中式炒粉面	1碟	1500千卡	炸鸡腿	1只	310千卡	葱爆猪肉	1盘	536千卡
中式粥	1碗	300千卡	炸春卷	1个	300千卡	酥皮香鸡块	1块	560千卡
中式碟头饭	1碟	950千卡	炸银丝圈	1条	485千卡	紫菜汤	1碗	10千卡
牛肉馅饼	1个	200千卡	炸猪排	1块	280千卡	锅贴	3个	170千卡
牛腩饭	1份	575千卡	宫保鸡丁饭	1份	509千卡	筒仔米糕	1份	330千卡
冬瓜汤	1碗	20千卡	烧卖	2个	55千卡	蒸蛋	1份	75千卡
肉粽	1个	350千卡	烧鸭	100克	300千卡	酸辣汤	1碗	155千卡
红烧狮子头	1个	360千卡	萝卜糕	2块	180千卡	糖醋排骨	1盘	490千卡
卤鸡腿	1只	300千卡	菜肉水饺	1个	35千卡			
鸡肉饭	1份	330千卡	麻婆豆腐	1盘	365千卡			

西式快餐

食品名称	单位	热量	食品名称	单位	热量	食品名称	单位	热量
大薯条	1份	450千卡	肉酱意粉	1盘	599千卡	苹果派	1个	260千卡
巨无霸	1个	560千卡	朱古力奶昔	1杯(300毫升)	360千卡	凯撒沙拉	1盘	650千卡
中薯条	1份	312千卡	朱古力新地	1杯(300毫升)	340千卡	鱼柳包	1个	360千卡
香辣汉堡包	1个	260千卡	麦乐鸡	1份(6件)	290千卡	细薯条	1份	210千卡
芝士汉堡包	1个	320千卡	麦香鸡	1个	510千卡	美式热狗	1个	400千卡